できた シート

1まい おわったら ば[illegible]を はってね

なんて か[illegible]かな？

シールを はると，ラッキーメッセージが！

1	2	3	まめちしき 1	4	5
6	7	8	9	ひとやすみ 1	10
11	12	13	ひとやすみ 2	14	15
16	17	まめちしき 2	18	19	
20	21	22	ひとやすみ 3		

おかしなドリル もくじ

小学1年 文しょうだい

本誌に記載がある商品は2023年３月時点での商品であり，デザインが変更になったり，販売が終了したりしている場合があります。

写真：アフロ

1 なんばんめ ①

前・後ろから何番目
左・右から何番目

なまえ

1 もんだいを よんで，えを ○で かこみましょう。

1つ10［40てん］

① まえから 3にん

② まえから 3にんめ

③ うしろから 2ばんめ

④ みぎから 4こめ

1 なんばんめ ①

2 もんだいを よんで，えを すきな いろで ぬりましょう。

1つ15［60てん］

① ひだりから 4こ

② みぎから 5ほんめ

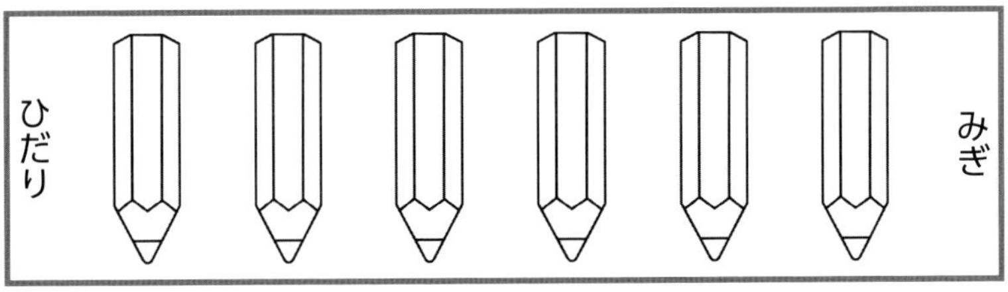

③ まえから 3ばんめ

④ うしろから 2ばんめ

こたえ 56ページ

がつ　にち　てん

2 なんばんめ ②

上・下から何番目
前・後ろ・左・右から何番目

なまえ

1 えを ○で かこみましょう。 1つ10［20てん］

① うえから
3ばんめ

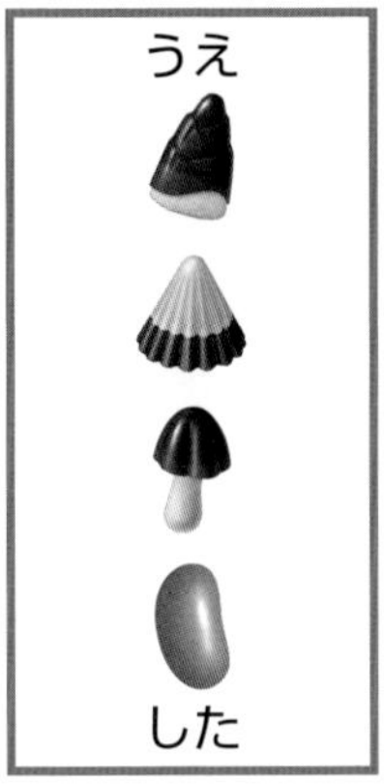

② したから
2ばんめ

2 えを すきな いろで ぬりましょう。 1つ10［20てん］

① うえから
2ばんめ

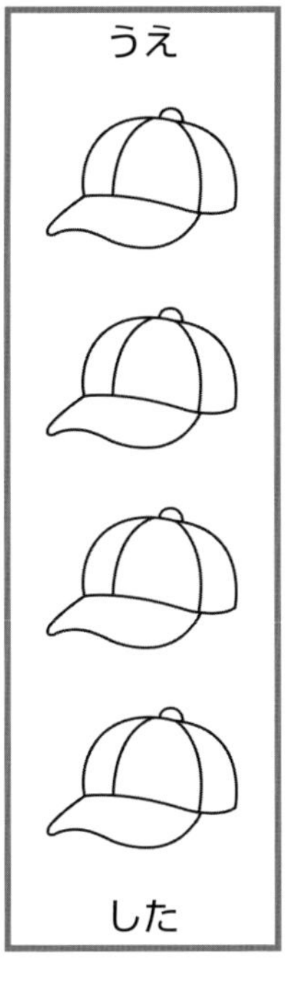

② したから
4ばんめ

② なんばんめ ②

3 えを みて，ただしい ほうに ○を つけましょう。

1つ20［60てん］

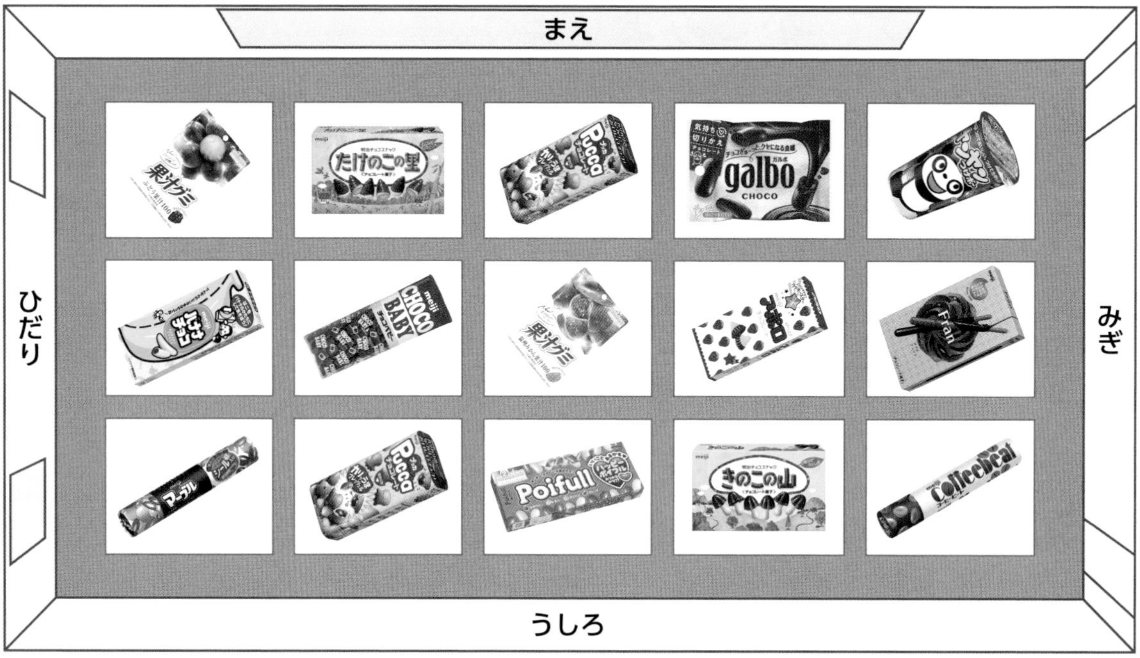

きのこのやま

①  は まえから（ 2 ・ 3 ）ばんめで，
ひだりから（ 2 ・ 4 ）ばんめです。

② みぎから 4ばんめで，うしろから 2ばんめに

ちょこべびい あぽろ

あるのは，（  ・  ）です。

こたえ 57ページ

がつ にち てん

3 いくつと いくつ

5は1と4というような，数の分解

なまえ

1 □が 7こ あります。かくして いる □の かずを かきましょう。

1つ10［30てん］

①

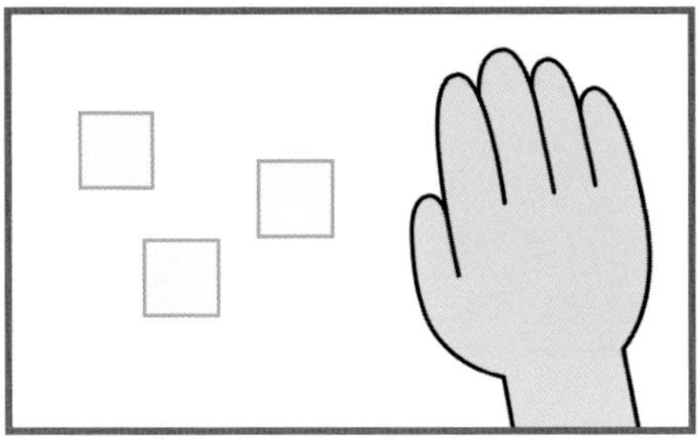

（ 4 ）

②

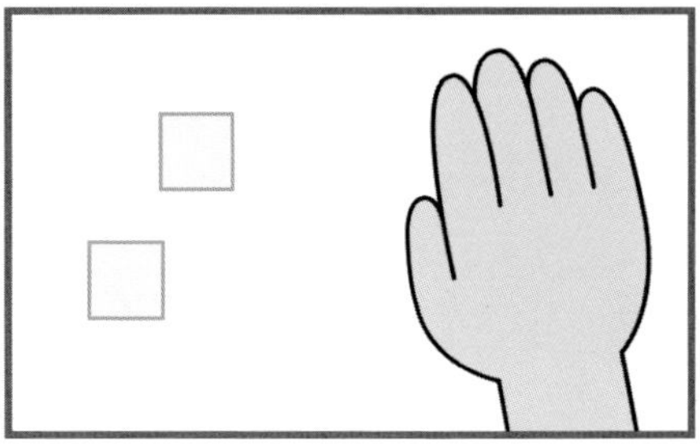

（　　）

③

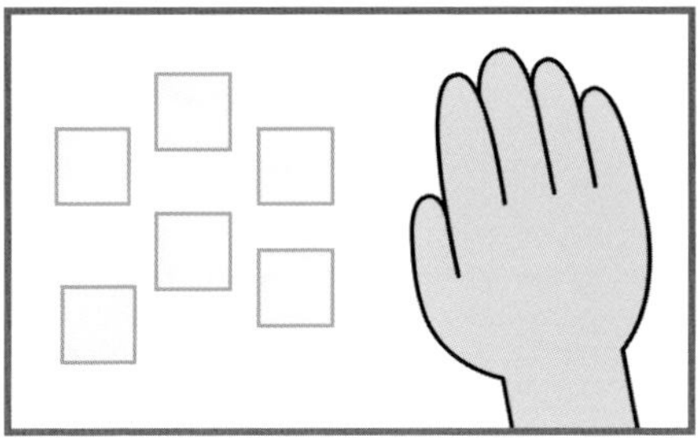

（　　）

みえて いる □は
6こだから…。

2 □に あう かずを かきましょう。

1つ10［20てん］

①

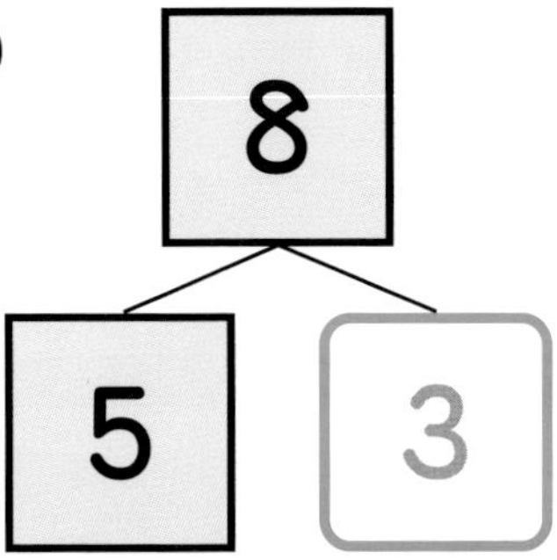
8
5
3

②

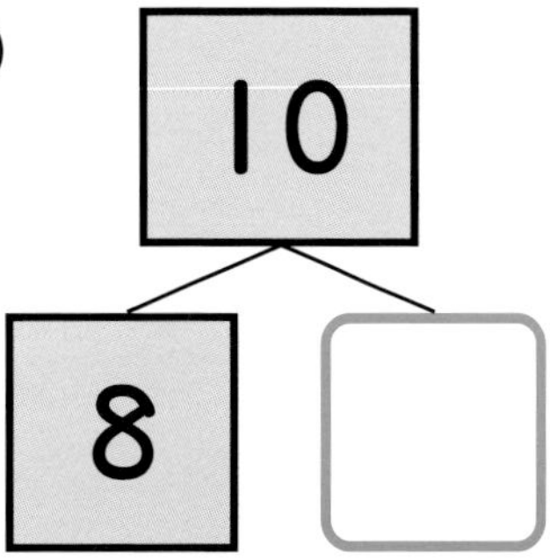
10
8

3 いくつと いくつ

3 □に あう かずを かきましょう。 1つ5［10てん］

① 6 は 2 と □

② 9 は 1 と □

4 □に あう かずを かきましょう。 1つ10［40てん］

① 5は 1と 4

② 8は 6と □

③ 10は □ と 5

④ 10は 3と □

①は このように
かけるね。
5
1 □

こたえ 58ページ

がつ にち

てん

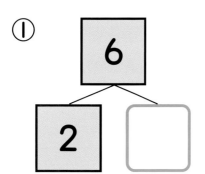

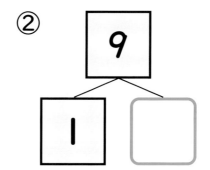

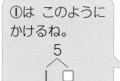

チョコっと まめちしき

チョコベビーの
ひみつ

○チディ・ベアと イディ・ベア○

○チョコベビーの かたち○

チョコベビーの ひとつぶ

ひとつぶの かたちは，「たわら」の

かたちを して います。

たわらと いうのは，こめや やさいを

いれて おく ための ふくろの

ことです。

たわら

○おかしの かいしゃ めいじの れきし○

チョコベビーや きのこのやま，
マーブルなどを つくって いるのは
めいじと いう かいしゃです。
めいじは 100ねんいじょう
まえから つづいて いる
かいしゃです。おかしだけでは なく，ぎゅうにゅうや
ヨーグルトなどの にゅうせいひん，けんこうの
やくに たつ しょくひんも つくって います。

○めいじなるほどファクトリー○

めいじの おかしが どのように
つくられて いるか みる ことが
できる ばしょです。けんがくできる
ないようは ばしょに よって
ちがいますが，たとえば カカオから チョコレートが
つくられる ようすなどを みる ことが できます。

チョコレートが どうやって
つくられて いるか わかれば，
たべる ときも たのしいね。

詳しくは，株式会社明治ウェブサイト内
「工場見学」ページをご確認ください。

4 あわせて いくつ

合わせた数を求めるたし算

なまえ

1 えを みて，しきに かきましょう。

1つ15［30てん］

①

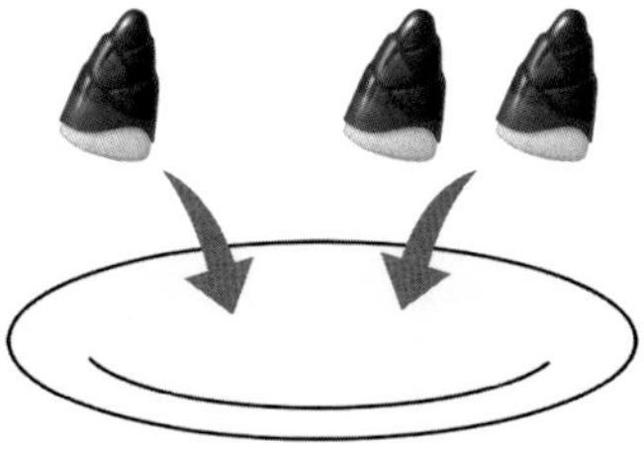

しき（ 1《いち》 +《たす》 2《に》 =《は》 3《さん》 ）

1と 2を あわせると 3に なる
ことを，このように かくんだよ。

②

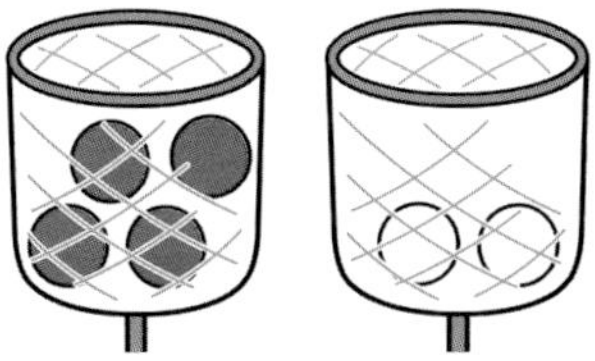

しき 4 + 2 = 6

2 3こと 6こ いれます。

あわせて なんこに なりますか。

1つ10［20てん］

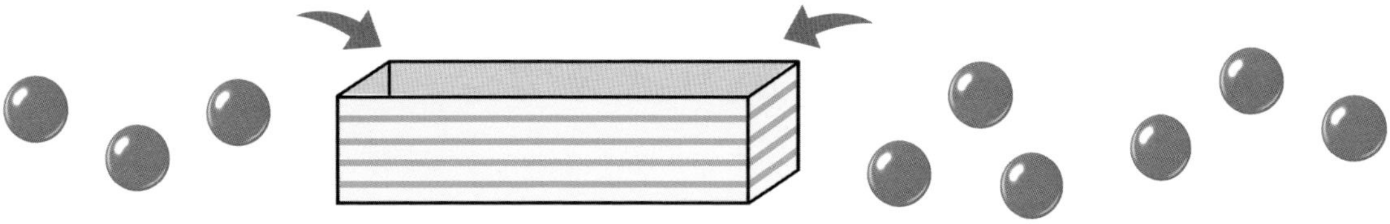

しき（　　　　　　　　）

こたえ（　　　こ　）

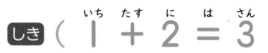

4 あわせて いくつ

3 えを みて，しきに かきましょう。 1つ15［30てん］

① 

しき（　　　　　　　　　　）

② 

しき（　　　　　　　　　　）

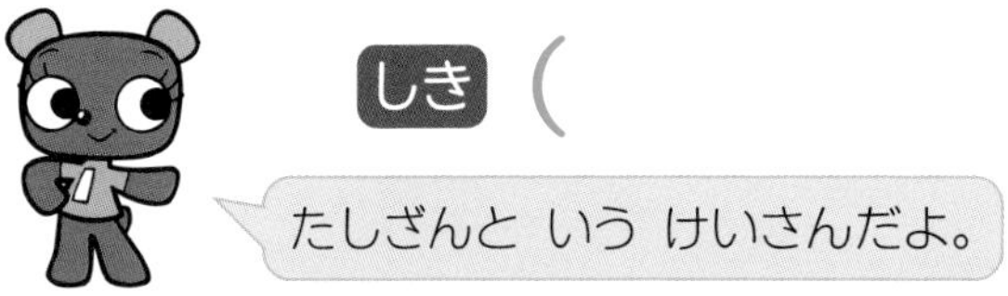
たしざんと いう けいさんだよ。

4 3ぼんと 2ほん あります。ぜんぶで なんぼん ありますか。

1つ10［20てん］

しき（　　　　　　　　　　）

こたえ（　　　　　　　　　　）

こたえ 59ページ

がつ　にち　　てん

5 ふえると いくつ

増えた後の数を求めるたし算

なまえ

1 えを みて，しきに かきましょう。 1つ15［30てん］

①

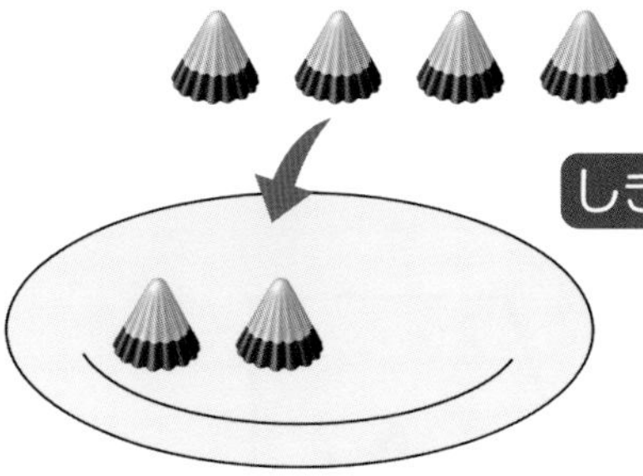

しき（ 2《に》 ＋《たす》 4《よん》 ＝《は》 6《ろく》 ）

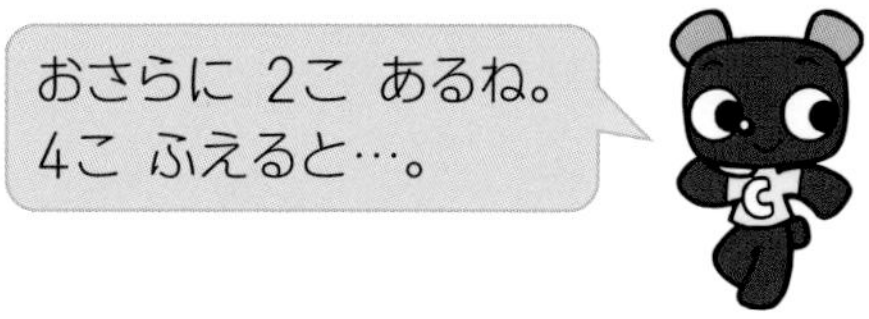
おさらに 2こ あるね。
4こ ふえると…。

②

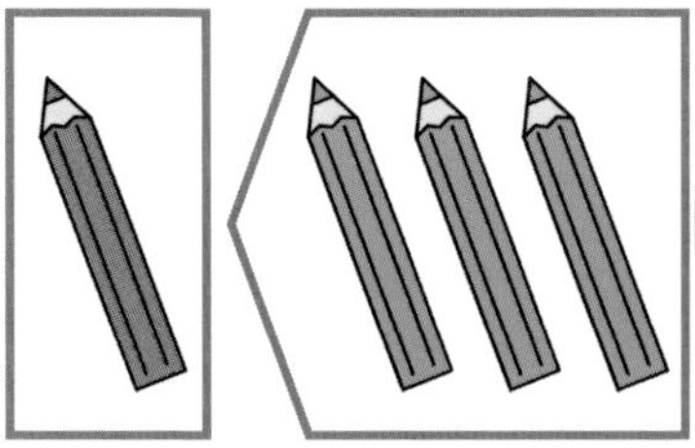

しき □ ＋ □ ＝ □

2 ありが 4ひき います。5ひき きました。
ぜんぶで なんびきに なりましたか。 1つ10［20てん］

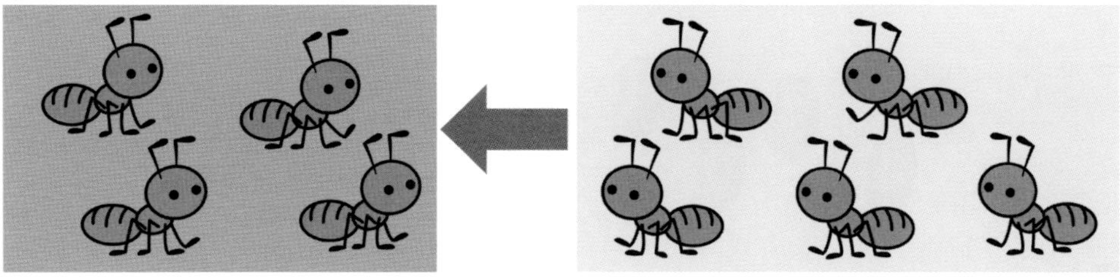

しき（　　　　　　　　）

こたえ（　　　ひき　）

5 ふえると いくつ

3 えを みて，しきに かきましょう。 1つ15［30てん］

①

ふえる ときも
たしざんだよ。

しき（　　　　　　　　　　　　）

②

しき（　　　　　　　　　　　　）

4 ぽいふるが 5こ あります。2こ もらいました。
ぜんぶで なんこに なりましたか。 1つ10［20てん］

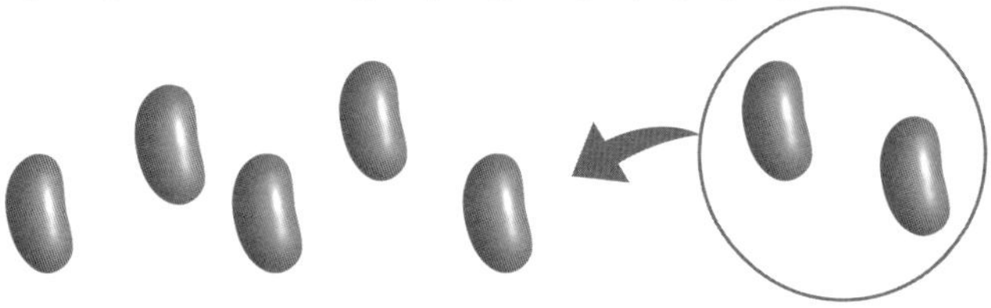

しき（　　　　　　　　　　　　）

こたえ（　　　　　　）

こたえ 60ページ

こたえ 60ページ

がつ　にち	てん

6 たしざん まとめ

4と5の復習

なまえ

1 みずいろの まあぶるちょこれえとが 6こと ぴんくいろの まあぶるちょこれえとが 2こ あります。あわせて なんこ ありますか。 1つ8［16てん］

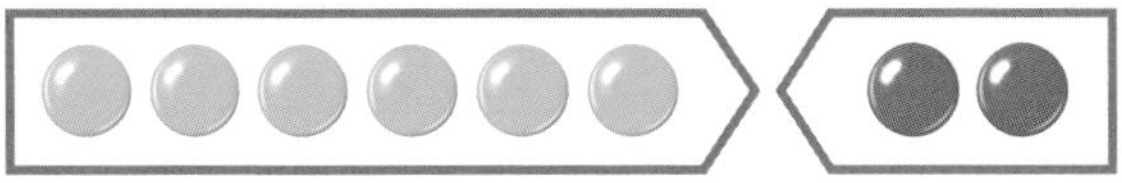

しき（　　　　　　　　）

こたえ（　　　　　）

2 じゅうすが 2ほん，おちゃが 2ほん あります。あわせて なんぼん ありますか。 1つ8［16てん］

しき（　　　　　　　　）

こたえ（　　　　　）

3 きょうしつに こどもが 7にん います。あとから 3にん きました。ぜんぶで なんにんに なりましたか。 1つ10［20てん］

しき（　　　　　　　　）

こたえ（　　　　　）

6 たしざん まとめ

4 のうとが 8さつ あります。
1さつ かいました。ぜんぶで
なんさつに なりましたか。

1つ8［16てん］

しき（　　　　　　　　　　）

こたえ（　　　　　　）

5 かめが いしの うえに 3びき，
いけの なかに 4ひき います。
あわせて なんびき いますか。

1つ8［16てん］

しき（　　　　　　　　　　）

こたえ（　　　　　　）

6 あぽろが 5こ あります。4こ もらうと，
ぜんぶで なんこに なりますか。

1つ8［16てん］

しき（　　　　　　　　　　）

こたえ（　　　　　　）

こたえ 61ページ

がつ	にち	てん

7 のこりは いくつ

減った後の数を求めるひき算

なまえ

1 えを みて，しきに かきましょう。 1つ15［30てん］

①

しき（ 4《よん》 −《ひく》 1《いち》 =《は》 3《さん》 ）

4から 1を とると 3に なる
ことを，このように かくんだよ。

②

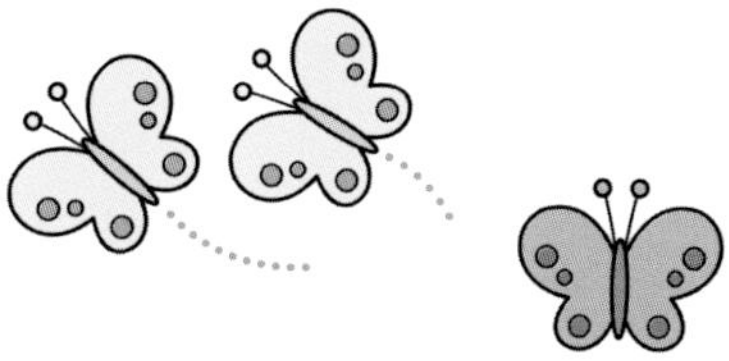

しき 3 − 2 = 1

2 ぽいふるが 8こ あります。4こ あげると，
のこりは なんこに なりますか。 1つ10［20てん］

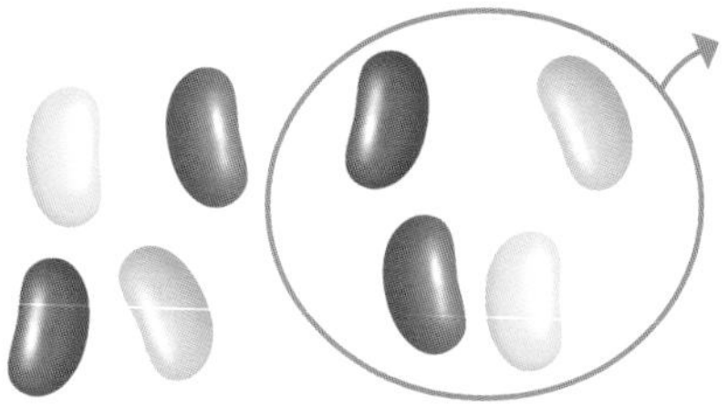

しき（　　　　　　）

こたえ（　　　　　　）

7 のこりは いくつ

3 えを みて，しきに かきましょう。 1つ15［30てん］

①

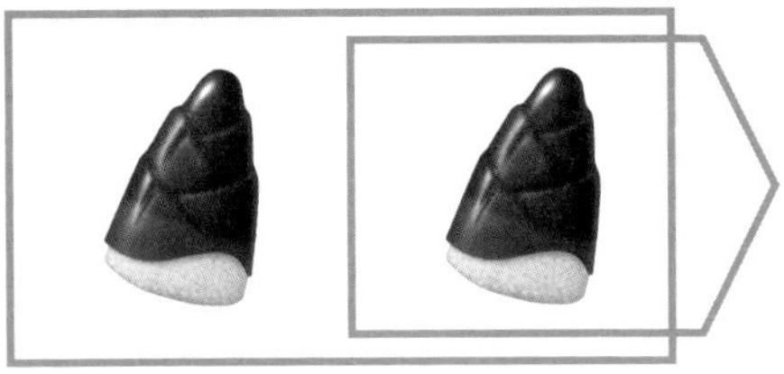

しき（　　　　　　　　　　）

②

しき（　　　　　　　　　　）

4 ちょこべびいが 10こ あります。5こ たべました。のこりは なんこですか。 1つ10［20てん］

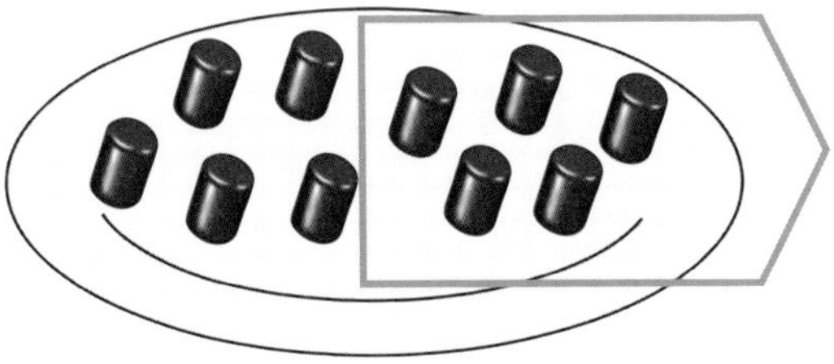

しき（　　　　　　　　　　）

こたえ（　　　　　　）

こたえ 62ページ

がつ　にち

てん

⑧ ちがいは いくつ

違いを求めるひき算

なまえ

1 えを みて，ちがいを もとめる しきを かきましょう。

1つ15［30てん］

①

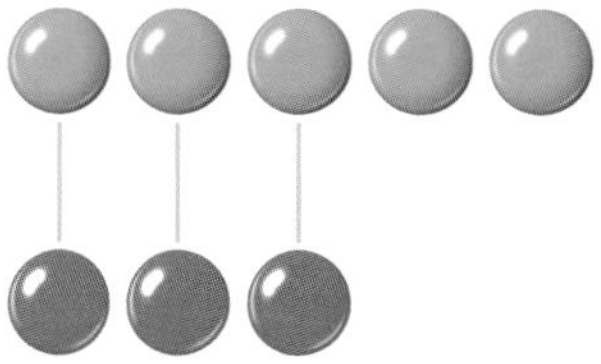

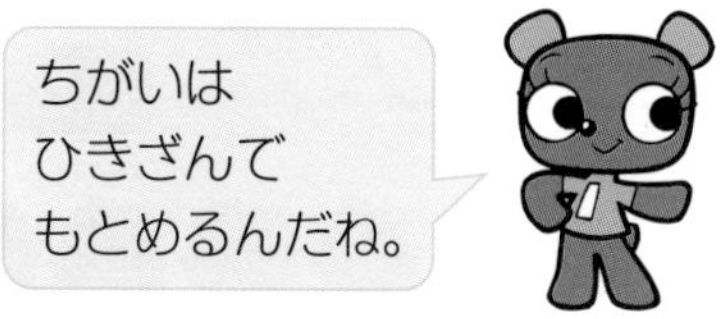
ちがいは
ひきざんで
もとめるんだね。

しき（ 5 － 3 ＝ 2 ）

②

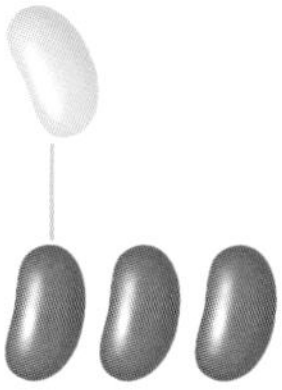

しき □ － □ ＝ □

2 たまいれで，あかぐみは 8こ，しろぐみは 7こ はいりました。ちがいは なんこですか。

1つ10［20てん］

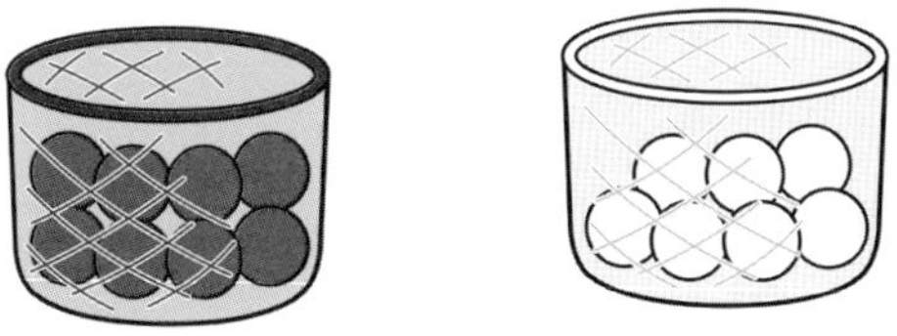

おおきい かずから
ちいさい かずを
ひくよ。

しき（ ）

こたえ（ ）

8 ちがいは いくつ

3 えを みて，ちがいを もとめる しきを かきましょう。 1つ15［30てん］

①

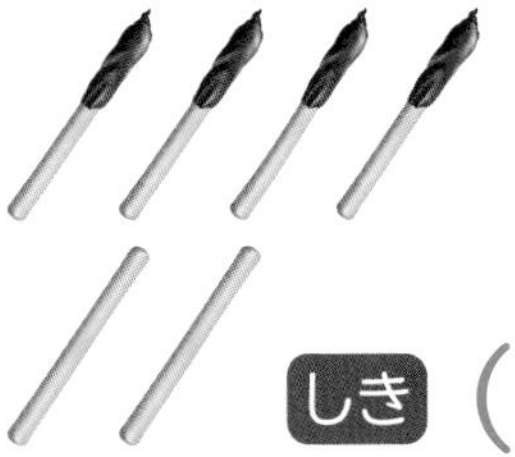

1つずつ せんで
むすんで みよう。

しき（　　　　　　　　　　　　）

②

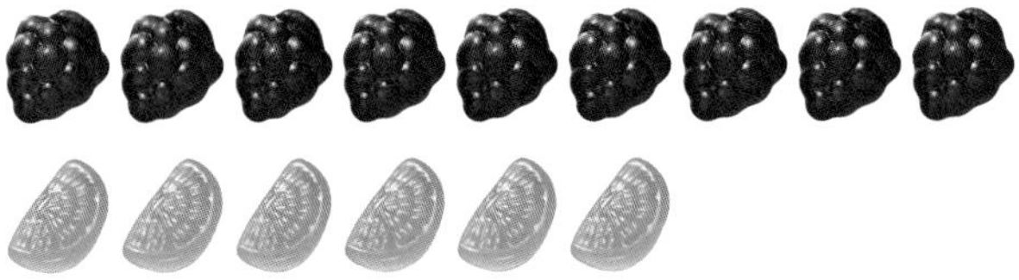

しき（　　　　　　　　　　　　）

4 にわとりが 2わ，ひよこが 6わ います。どちらが なんわ おおいですか。 1つ10［20てん］

しき（　　　　　　　　　　　　）

こたえ ［ひよこ］が［　　］わ おおい。

こたえ 63ページ

がつ　　にち　　てん

9 ひきざん まとめ

7と8の復習

なまえ

1 ちゅうしゃじょうに くるまが 5だい とまって います。1だい でて いきました。のこりは なんだいに なりましたか。 1つ8［16てん］

しき（　　　　　　　　　　）

こたえ（　　　　　　）

2 くっきいが 7まい あります。4まい たべると，のこりは なんまいに なりますか。 1つ8［16てん］

しき（　　　　　　　　　　）

こたえ（　　　　　　）

3 ぽいふるが 4こ，あぽろが 3こ あります。ちがいは なんこですか。

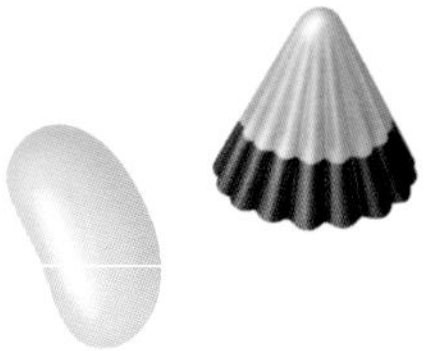

1つ8［16てん］

しき（　　　　　　　　　　）

こたえ（　　　　　　）

9 ひきざん まとめ

4 あかい ちゅうりっぷが 9ほん，きいろい ちゅうりっぷが 5ほん さいて います。あかい ちゅうりっぷは，きいろい ちゅうりっぷより なんぼん おおいですか。

1つ8［16てん］

しき（　　　　　　　　　　）

こたえ（　　　　　　）

5 かあどを 8まい もって います。2まい あげました。のこりは なんまいですか。

1つ8［16てん］

しき（　　　　　　　　　　）

こたえ（　　　　　　）

6 やぎが 6とう います。おすの やぎは 4とうです。めすの やぎは，なんとう いますか。

1つ10［20てん］

6とうの
うちの
4とうが
おすだから，
のこりは…。

しき（　　　　　　　　　　）

こたえ（　　　　　　）

こたえ 64ページ

がつ　　にち　　てん

チョコっと ひとやすみ

じゃんけんげえむで，
あそぼう！

○きまり○

じゃんけんに かったら，もじの かずだけ
すすめます。

ぐう

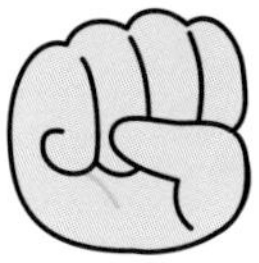

1 2

は ぐ み

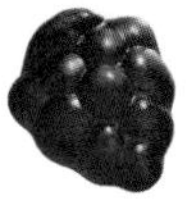

ぱあ

は ぱ ふ ぇ

ちょき

は ち ょ こ れ え と

ぐうで かったら 2 こ すすめます。

ぱあで かったら □ こ すすめます。

ちょきで かったら □ こ すすめます。

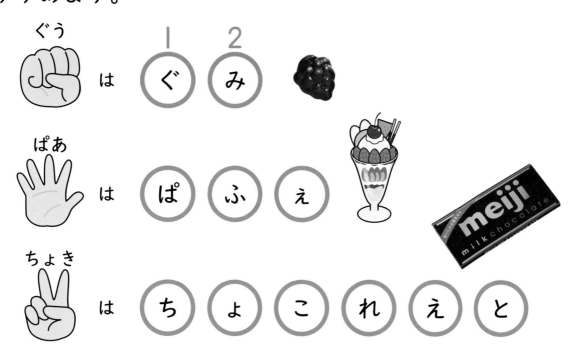

○かんがえてみよう○

まえの ぺえじの きまりを みて かんがえましょう。

① ぐうで かった あと，ちょきで かつと

あわせて □ こ すすめます。

② ぱあで 2かい かつと

あわせて □ こ すすめます。

ぐうが ぐみ，
ぱあが ぱふぇ，
ちょきが
ちょこれえとだよ。

○やってみよう○

けしごむを
こまに しても
いいね。

おうちの ひとや ともだちと

じゃんけんげえむで あそんでみましょう。

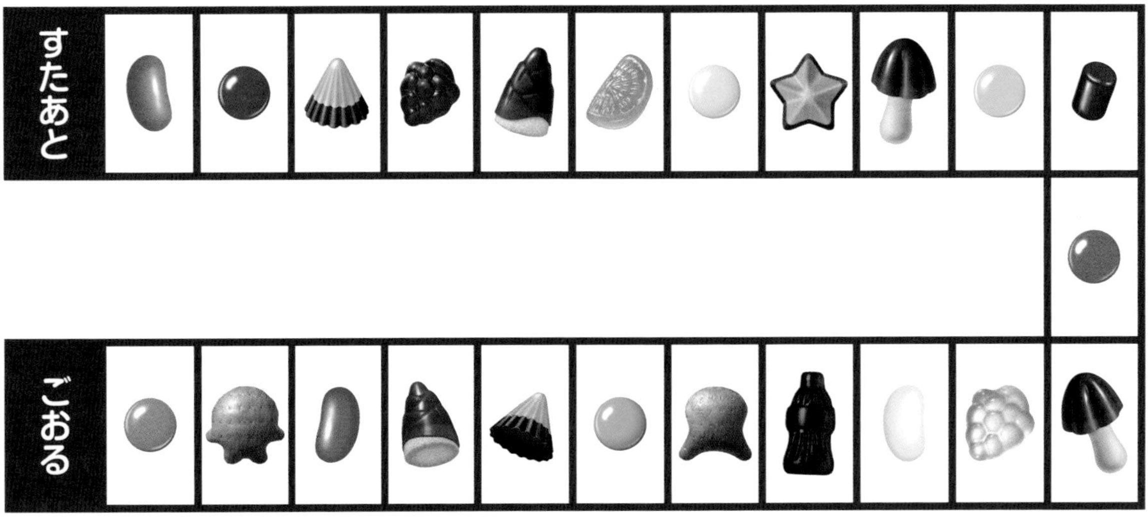
すたあと
ごおる

10 20までの かずの たしざん

10+● の計算

なまえ

1 らむねが 10こ あります。5こ かいました。

ぜんぶで なんこに なりましたか。 1つ8［16てん］

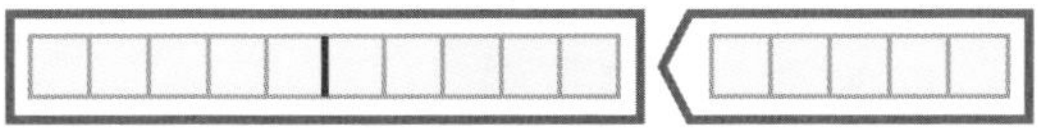

しき 10 ＋ 5 ＝ 15 こたえ □ こ

2 ほんを きのう 10ぺえじ，きょう 8ぺえじ

よみました。あわせて なんぺえじ よみましたか。

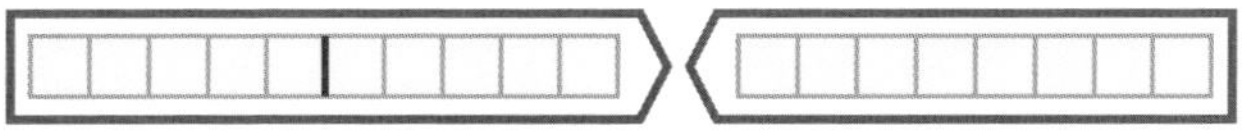

1つ8［16てん］

しき（　　　　　　　　）

こたえ（　　　　　　）

3 こうえんで こどもが 10にん あそんで

います。あとから 3にん きました。ぜんぶで

なんにんに なりましたか。 1つ8［16てん］

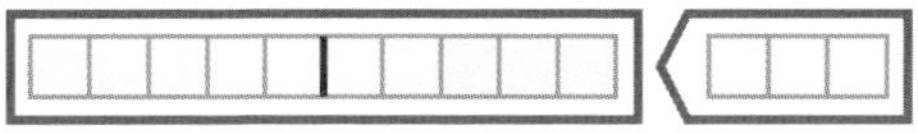

しき（　　　　　　　　）

こたえ（　　　　　　）

10 20までの かずの たしざん

4 あぽろが 10こ あります。6こ かいました。
ぜんぶで なんこに なりましたか。

1つ8［16てん］

しき（　　　　　　　　　　）　こたえ（　　　　　　）

5 れいさんは どんぐりを 10こ，ゆうさんは 7こ ひろいました。ふたり あわせて なんこですか。

1つ8［16てん］

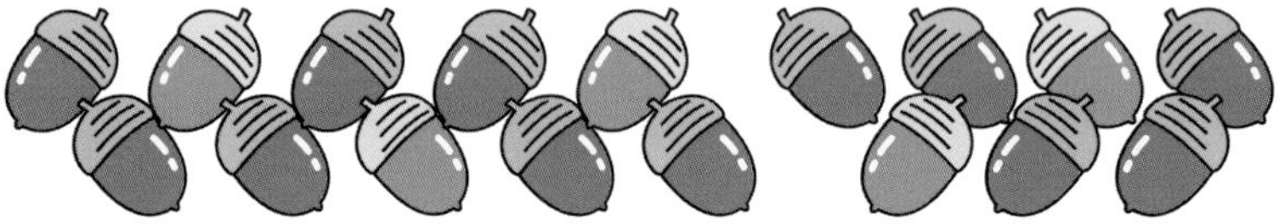

しき（　　　　　　　　　　）　こたえ（　　　　　　）

6 てえぶるの うえに みかんが 10こ，りんごが 4こ あります。
あわせて なんこ ありますか。

1つ10［20てん］

しき（　　　　　　　　　　）　こたえ（　　　　　　）

こたえ 66ページ

がつ　にち　てん

11 20までの かずの ひきざん

1●－● の計算

なまえ

1 きのこのやまが 12こ あります。2こ たべました。のこりは なんこですか。 1つ8［16てん］

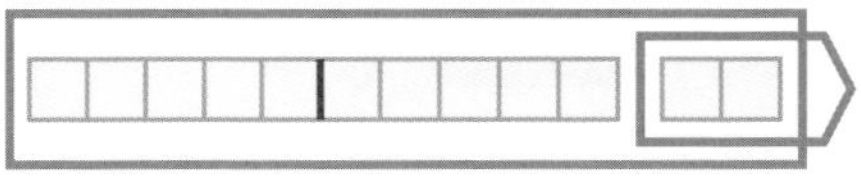

12は 10と
2だから，2を
とると…。

しき 12 － 2 ＝ 10 こたえ □ こ

2 じてんしゃおきばに じてんしゃが 14だい とまって います。4だい でて いくと，のこりは なんだいに なりますか。 1つ8［16てん］

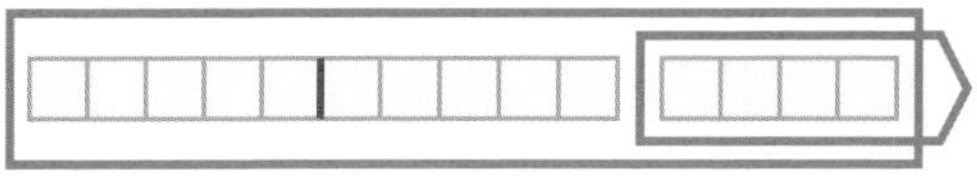

しき（　　　　　　　） こたえ（　　　　　　）

3 ひなたさんは なわとびで 17かい とびました。あおいさんは 7かい とびました。ちがいは なんかいですか。 1つ8［16てん］

ちがいを
もとめる ときは
ひきざんだよね。

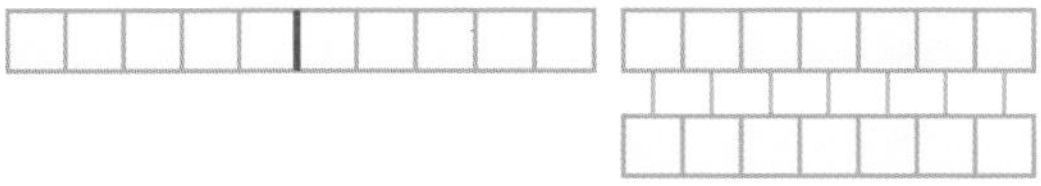

しき（　　　　　　　） こたえ（　　　　　　）

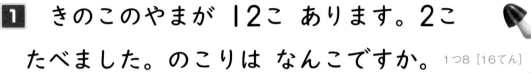

11 20までの かずの ひきざん

4 とまとが 19こ なって います。9こ とりました。のこりは なんこですか。

1つ8［16てん］

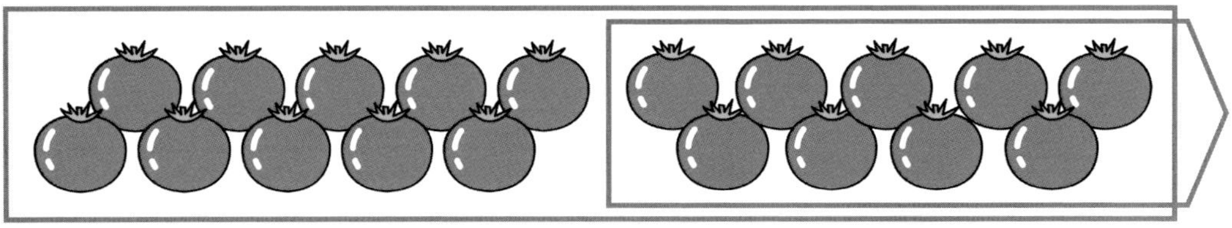

しき（　　　　　　　　）　こたえ（　　　　　　）

5 みかんの ぐみが 16こ，ぶどうの ぐみが 6こ あります。ちがいは なんこですか。

1つ8［16てん］

しき（　　　　　　　　）　こたえ（　　　　　　）

6 15にんで ゆうえんちに いきました。おとなは 5にんでした。こどもは なんにんでしたか。

1つ10［20てん］

しき（　　　　　　　　）　こたえ（　　　　　　）

こたえ 67ページ

　　　がつ　　　にち　　　　てん

12 3つの かずの たしざんと ひきざん

●＋▲＋■と●－▲－■

なまえ

1 えを みて，しきに かきましょう。 ［10てん］

3びき います。
2ひき きます。
1ぴき
きます。

1つの
しきに
あらわそう。

しき 3 ＋ 2 ＋ 1 ＝ □

2 ぷっかが 2こ あります。おばさんから 2こ，おじさんから 4こ もらいました。ぜんぶで なんこに なりましたか。 1つ10 ［20てん］

しき （　　　　　　　　）

こたえ （　　　　　　）

3 のうとが，つくえの うえに 1さつ，ひきだしの なかに 4さつ，かばんの なかに 2さつ あります。あわせて なんさつ ありますか。 1つ10 ［20てん］

しき （　　　　　　　　）

こたえ （　　　　　　）

12 3つの かずの たしざんと ひきざん

4 えを みて，しきに かきましょう。 [10てん]

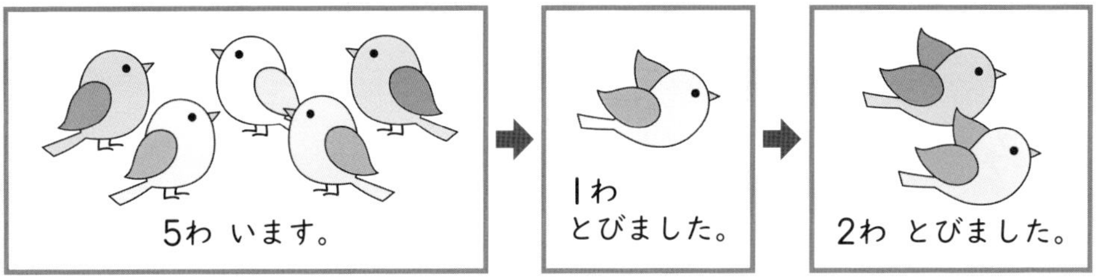
5わ います。
1わ
とびました。
2わ とびました。

しき　5 − 1 − 2 = [　　]

まえから
じゅんに
けいさん
するよ。

5 せんべいが 6まい あります。おとうとが 3まい，いもうとが 2まい たべました。のこりは なんまいですか。 1つ10 [20てん]

しき（　　　　　　　　　　）

こたえ（　　　　　　）

6 きりん，ぞう，らいおんが ぜんぶで 8とう います。きりんは 4とう，ぞうは 1とう います。らいおんは なんとう いますか。 1つ10 [20てん]

しき（　　　　　　　　　　）

こたえ（　　　　　　）

こたえ 68ページ

がつ　にち　てん

13 3つの かずの けいさん

●−▲+■ と ●+▲−■

なまえ

1 えを みて，しきに かきましょう。 [10てん]

4ひき のって います。
2ひき おりました。
3びき のりました。

しき 4 − 2 + 3 = □

2 はなが 8ぽん ありました。4ほん あげて，|ぽん もらいました。はなは なんぼんに なりましたか。 1つ10 [20てん]

しき (　　　　　　　　)

こたえ (　　　　　　)

3 たまごが 5こ ありました。あさ 3こ つかい，ひるに 6こ かって きました。たまごは なんこに なりましたか。 1つ10 [20てん]

しき (　　　　　　　　)

こたえ (　　　　　　)

13 3つの かずの けいさん

4 えを みて，しきに かきましょう。 [10てん]

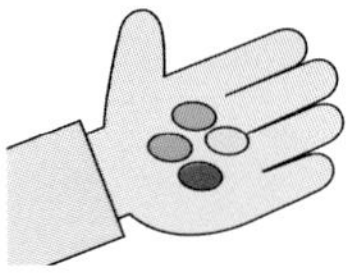
4こ あります。

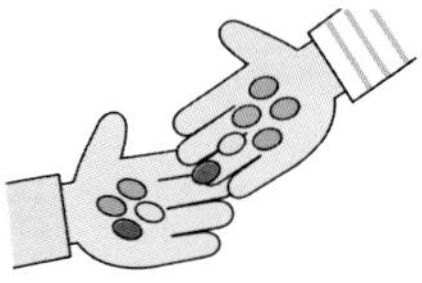
6こ もらいました。

1こ たべました。

なんこに なったか もとめる しきは…。

4 ＋ 6 － 1 ＝ ☐

5 としょかんで かりた ほんが 7さつ あります。1さつ かりて 5さつ かえすと，なんさつに なりますか。 1つ10 [20てん]

「かりる」は たしざん，「かえす」は ひきざんだ！

しき（　　　　　　　　）

こたえ（　　　　　　）

6 ひろばで 6にん あそんで いました。4にん きて，3にん かえりました。ひろばには なんにん いますか。 1つ10 [20てん]

しき（　　　　　　　　）

こたえ（　　　　　　）

こたえ 69ページ

がつ　　　にち　　　てん

チョコっと ひとやすみ

★パンに かおを かこう★
チョコベビーアート
トースト

○ざいりょう○　（食《しょく》パン1枚分《まいぶん》）

チョコベビー…1箱《はこ》
食《しょく》パン…1枚《まい》

かならず おうちのひとと
いっしょに つくろうね。

○どうぐ○

トースター，アルミホイル

○つくりかた○

① 食《しょく》パンにチョコベビーをのせて，
好《す》きな絵《え》をかきます。

② トースターで，約《やく》3分《ぷん》温《あたた》めます。

ポイント

しろく のこしたい ところに
アルミホイルを おいてから
トースターで やいてね！

だれの かおに しようかな？
えを よく みてから，
パンに チョコを ならべてね。

チョコっと ひとやすみ

★あまくて しょっぱい★
うすやき チョコサンド

たくさん のせて デコって みよう！
ボウルは 2こ よういしてね。

○ざいりょう○ （2枚《まい》1組《くみ》で9個分《こぶん》）

明治《めいじ》ミルクチョコレート…1枚《まい》（50g《グラム》）
生《なま》クリーム…大《おお》さじ2
うす焼《や》きせんべい…18枚《まい》
〈デコレーション用《よう》〉
バナナチョコ…適量《てきりょう》
チョコベビー…適量《てきりょう》
マーブルチョコレート…適量《てきりょう》
チョコチューブ…適量《てきりょう》
カラーシュガー…適量《てきりょう》
アラザン…適量《てきりょう》
ほか，お好《この》みの材料《ざいりょう》

○どうぐ○

計量《けいりょう》スプーン，包丁《ほうちょう》，まな板《いた》，
ボウル2個《こ》（大《だい》・小《しょう》），ゴムべら，スプーン

○つくりかた○

① チョコレートは，細《こま》かく刻《きざ》んで小《ちい》さいほうのボウルに入《い》れます。もうひとつのボウルには，約《やく》50～55℃《ど》のお湯《ゆ》を入《い》れて，湯《ゆ》せんにかけてチョコレートをとかします。

② とかしたチョコレートを湯《ゆ》せんにかけたまま生《なま》クリームを加《くわ》え，ゴムべらでなめらかになるまでよく混《ま》ぜて，ガナッシュを作《つく》ります。

③ ガナッシュを湯《ゆ》せんからはずします。1枚《まい》のうす焼《や》きせんべいにスプーンでガナッシュをのせ，もう1枚《まい》でサンドします。

④ デコレーション用《よう》の材料《ざいりょう》をかざりつけて，できあがり！

ポイント

ガナッシュを つくる ときに おゆが はいらないように ちゅういしてね。

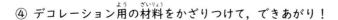

14 たしざん

くり上がりのあるたし算

なまえ

1 きのこのやまが 8こ，たけのこのさとが 4こ ありますす。あわせて なんこですか。 1つ6［12てん］

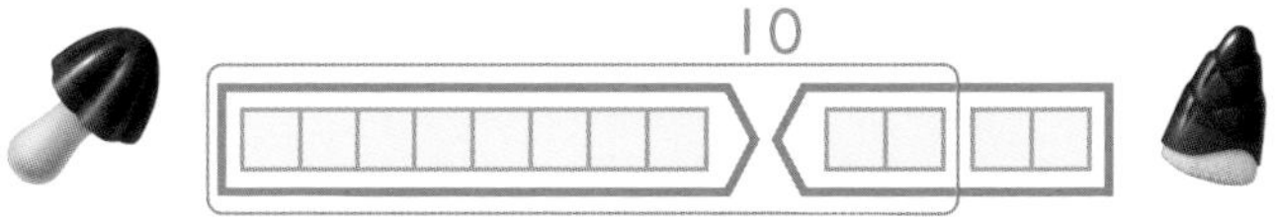

しき 8 ＋ 4 ＝ 12

10　2　2

こたえ □ こ

2 はとが 6わ います。 1つ8［32てん］

① 5わ くると，なんわに なりますか。

しき 6 ＋ □ ＝ □

10　4　1

こたえ □ わ

② 8わ くると，なんわに なりますか。

しき 6 ＋ □ ＝ □

10　□　□

こたえ □ わ

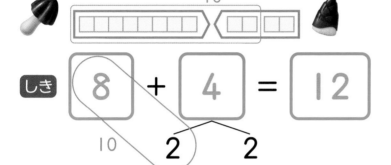

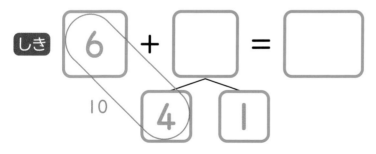

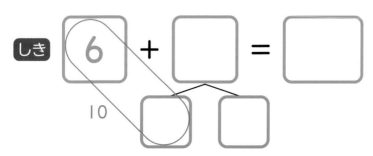

14 たしざん

3 ぽいふるが 5こ，ばななちょこが 7こ ありますか。あわせて なんこ ありますか。

1つ8［16てん］

しき（　　　　　　　　　　）

こたえ（　　　　　　　　　　）

4 ちゅうしゃじょうに くるまが 7だい とまって います。4だい くると，くるまは なんだいに なりますか。

1つ10［20てん］

しき（　　　　　　　　　　）

こたえ（　　　　　　　　　　）

5 あおいろの あさがおが 9こ，むらさきいろの あさがおが 6こ さいて います。あわせて なんこ さいて いますか。

1つ10［20てん］

しき（　　　　　　　　　　）

こたえ（　　　　　　　　　　）

こたえ 70ページ

がつ　　　にち

てん

15 ひきざん

くり下がりのあるひき算

なまえ

1 かじゅうぐみが 12こ あります。9こ

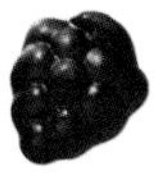

たべると，のこりは なんこに なりますか。1つ6［12てん］

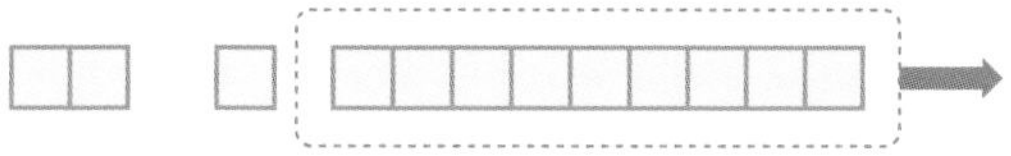

しき 12 － 9 ＝ 3　　こたえ □ こ

10　2

1

「12を 10と 2に わけて，
10から 9を ひくと 1。
1と 2で 3」と いう
ことだよ。

2 もんだいが 15もん あります。　1つ8［32てん］

① 6もん とくと，のこりは なんもんですか。

しき □ － □ ＝ □

10　5

4

こたえ □ もん

② 8もん とくと，のこりは なんもんですか。

しき（　　　　　　　　　　）

こたえ（　　　　　　　）

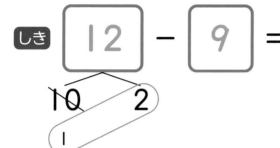

15 ひきざん

3 ふうせんが 17こ あります。9こ われて しまうと，のこりは なんこに なりますか。1つ8［16てん］

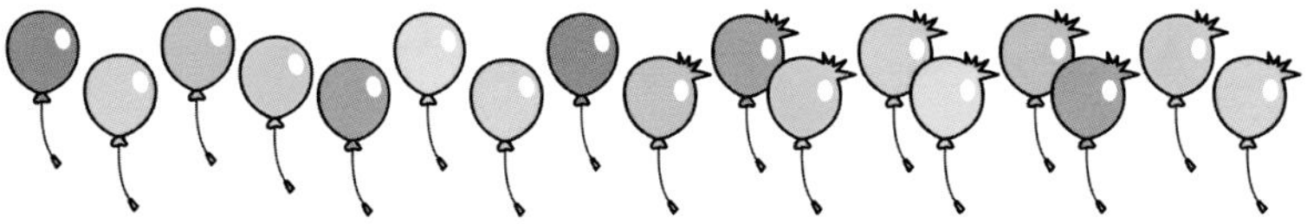

しき（　　　　　　　　　　）

こたえ（　　　　　　）

4 はるさんは あぽろを 14こ，みらいさんは あぽろを 8こ たべました。ちがいは なんこですか。

しき（　　　　　　　　　　）　1つ10［20てん］

こたえ（　　　　　　）

5 めだかが 11ぴき，きんぎょが 2ひき います。どちらが なんびき おおいですか。　1つ10［20てん］

かずが
おおいのは
どっちかな。

しき（　　　　　　　　　　）

こたえ［めだか］が［　　］ひき おおい。

こたえ 71ページ

がつ　にち　　てん

16 おおきい かずの けいさん ①

10＋20や80－20のような，
10のまとまりで考える計算

なまえ

1 いろがみは，ぜんぶで なんまい ありますか。

1つ8［16てん］

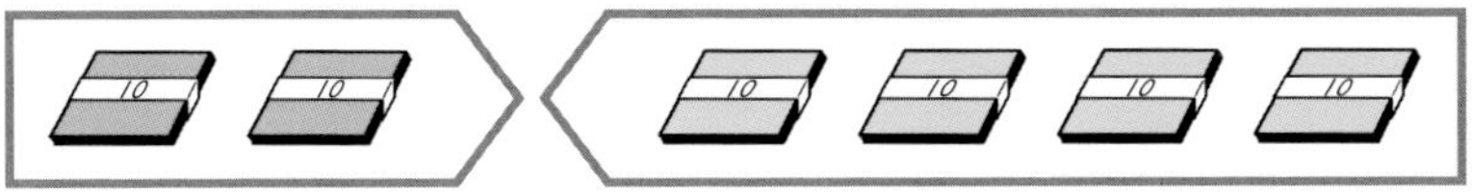

しき（　　　　　　　　　　）

こたえ（　　　　　）

2 たまごは ぜんぶで なんこ ありますか。 1つ8［16てん］

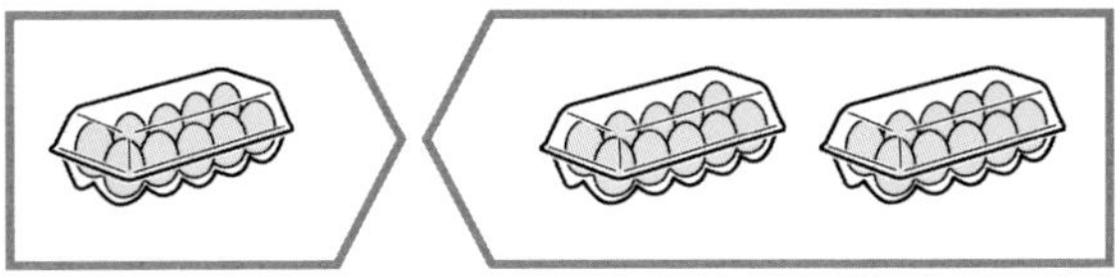

しき（　　　　　　　　　　）

こたえ（　　　　　）

3 えんぴつが 80ぽん あります。20ぽん つかうと，のこりは なんぼんですか。 1つ8［16てん］

しき（　　　　　　　　　　）

こたえ（　　　　　）

16 おおきい かずの けいさん ①

4 ひかるさんは あさがおの たねを 60こ もって いらます。そらさんから 40こ もらいました。あさがおの たねは，ぜんぶで なんこに なりましたか。

1つ8［16てん］

しき（　　　　　　　　　　）

こたえ（　　　　　　）

5 ツインクルが 30こ あります。ともだちに 10こ あげると，のこりは なんこに なりますか。

1つ8［16てん］

しき（　　　　　　　　　　）

こたえ（　　　　　　）

6 ゲームを して，うみさんは 70てん，るいさんは 30てんでした。ちがいは なんてんですか。

1つ10［20てん］

しき（　　　　　　　　　　）

こたえ（　　　　　　）

こたえ 72ページ

がつ　　にち

てん

17 おおきい かずの けいさん ②

45＋3や35－3のような計算

なまえ

1 いろがようしは，ぜんぶで なんまい ありますか。

1つ8［16てん］

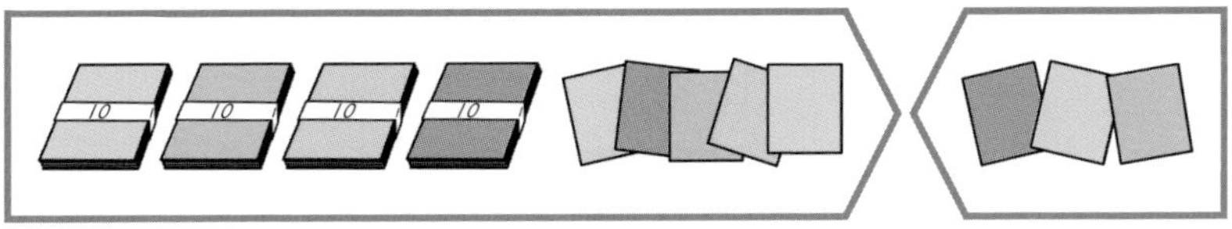

しき（　　　　　　　　　　　　）

こたえ（　　　　　　　）

2 まんじゅうは ぜんぶで なんこに なりましたか。

1つ8［16てん］

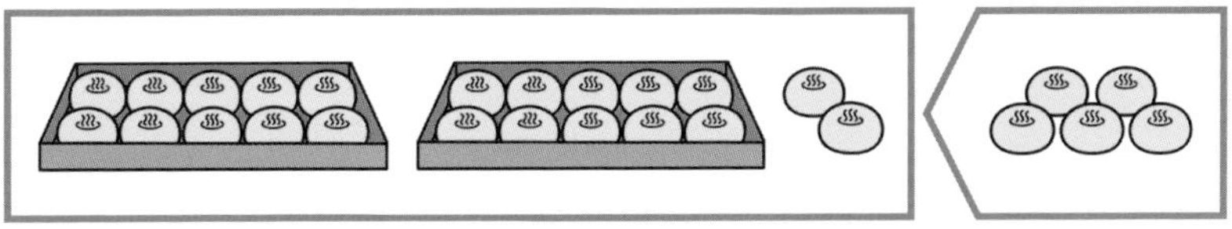

しき（　　　　　　　　　　　　）

こたえ（　　　　　　　）

3 ガムが 35まい あります。3まい たべました。のこりは なんまいに なりましたか。

1つ8［16てん］

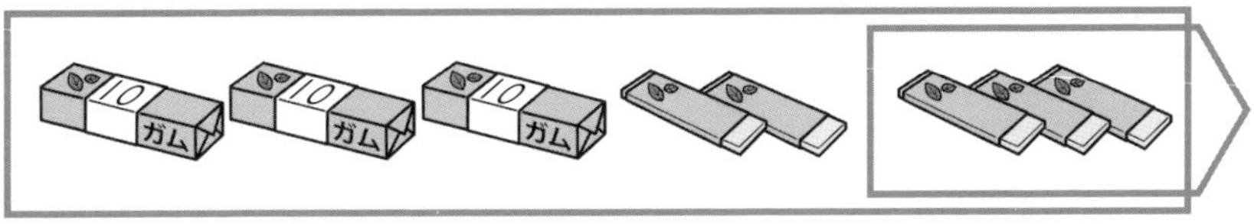

しき（　　　　　　　　　　　　）

こたえ（　　　　　　　）

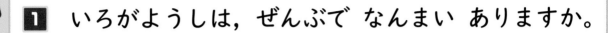

17 おおきい かずの けいさん ②

4 あかい はっぱが 51まい，きいろい はっぱが 5まい あります。ぜんぶで なんまい ありますか。

1つ8［16てん］

しき（　　　　　　　　　　）

こたえ（　　　　　　）

5 64ページの ノートが あります。3ページ つかいました。のこりは なんページですか。

1つ8［16てん］

しき（　　　　　　　　　　）

こたえ（　　　　　　）

6 チョコベビーが 28こ，コーヒービートが 6こ あります。ちがいは なんこですか。

1つ10［20てん］

しき（　　　　　　　　　　）

こたえ（　　　　　　）

こたえ 73ページ

がつ　　にち　　てん

チョコっと まめちしき

チョコレートの
ひみつ

○チョコレートの はじまり○

チョコレートの げんりょうは
カカオまめです。
おおむかしの ひとは カカオまめを
すりつぶして ショコラトルと いう
のみものとして のんで いました。

ショコラトルは，
おうさまや
きぞくしか
のめなかったよ。

にがい！
さとうが
はいったよ。
カカオトル
（カカオまめ）
ショコラトル
（のみもの）
チョコラトル
（のみもの）
チョコラテ
（チョコレート）
むかし
いま

さいしょは
あまく
なかったんだね。

○にほんの チョコレート○

がいこくで たべられて いた チョコレートが
にほんに やってきたのは，いまから 100ねんより
もっと まえの ことです。
あんぱんや カレーも チョコレートと おなじ ころに
にほんじゅうに ひろまりました。

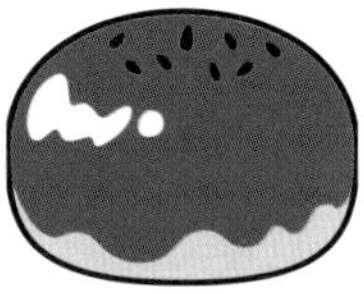
あんぱん

カレー

Choco
milk choco

みんなの すきな
たべものは
いつ うまれたのかな。

○ココアと チョコレート○

ココアも チョコレートと
おなじで カカオまめから
つくられて います。
せかいで はじめて ココアが
つくられたのは，いまの
ような チョコレートが
できるよりも まえの ことでした。

カカオまめ
ココア
チョコレート

18 ひとの かずと なんばんめ

何番目と全体の人数を考える問題

なまえ

1 なつきさんは まえから 2ばんめに います。なつきさんの うしろに 3にん います。みんなで なんにん いますか。

1つ10［20てん］

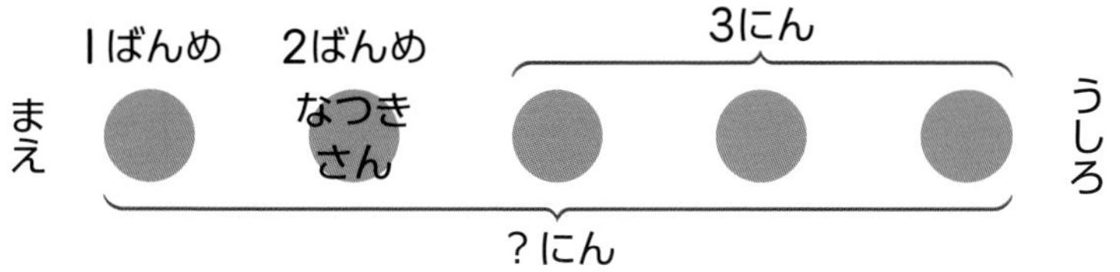

しき 2 ＋ 3 ＝ □　こたえ □ にん

2 7にん ならんで います。あさひさんは，まえから 4ばんめに います。あさひさんの うしろには，なんにん いますか。

1つ10［20てん］

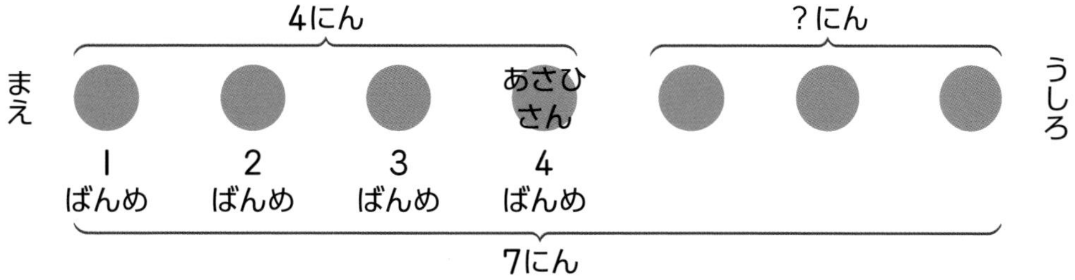

しき □ − □ ＝ □　こたえ □ にん

18 ひとの かずと なんばんめ

3 10にん ならんで います。ゆずさんは，まえから 6ばんめに います。　1つ10［30てん］

① ならんで いる ひとの かずだけ ○を かき，ゆずさんの ○には いろを ぬりましょう。

まえ　○○○○○○○○○○　うしろ

② ゆずさんの うしろには なんにん いますか。

しき（　　　　　　　　）

こたえ（　　　　　）

4 なおさんは みぎから 3ばんめに います。なおさんの ひだりに 5にん います。みんなで なんにん いますか。ずを かいて，こたえましょう。　1つ10［30てん］

□にん　□にん

ひだり　○○○○○　○○○　みぎ

しき（　　　　　　　　）

こたえ（　　　　　）

こたえ 74ページ

がつ　にち　てん

19 おおい

数の違いから考える問題

なまえ

1 ヤンヤンつけボーが 2ほん あります。フランは ヤンヤンつけボーより 4ほん おおいです。フランは なんぼん ありますか。

1つ8［16てん］

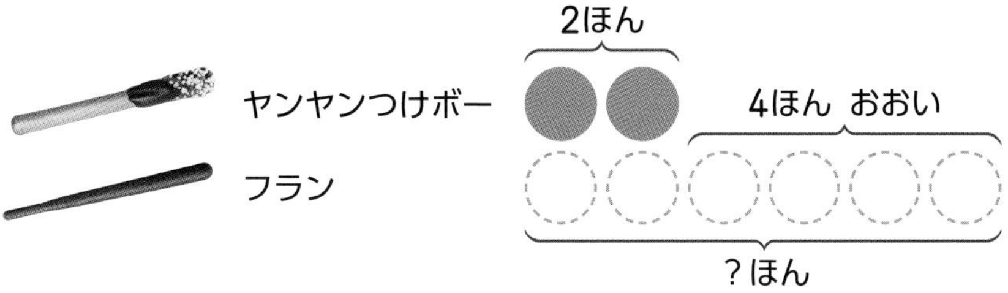

2ほん
ヤンヤンつけボー
4ほん おおい
フラン
？ほん

ずを みて
かんがえよう。

しき 2 ＋ 4 ＝ □　　こたえ □ ぽん

2 プッカが 5こ あります。アポロは プッカより 6こ おおいです。アポロは なんこ ありますか。

1つ8［24てん］

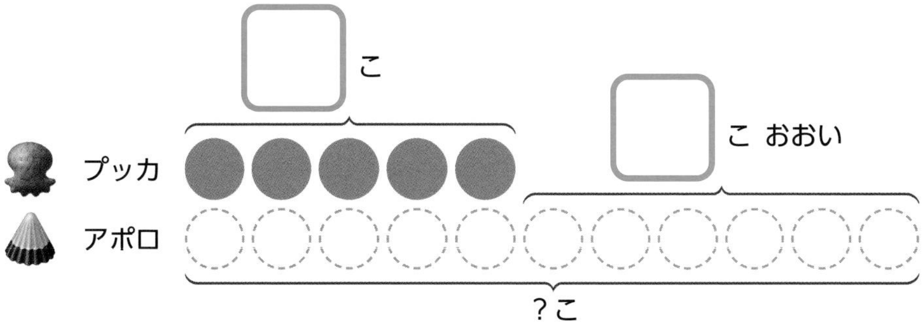

こ
こ おおい
プッカ
アポロ
？こ

しき（　　　　　　　　）

こたえ（　　　　　　）

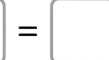

19 おおい

3 うさぎが 4ひき います。りすは うさぎより 3びき おおいそうです。

1つ10［30てん］

① うさぎと りすの かずだけ いろを ぬりましょう。

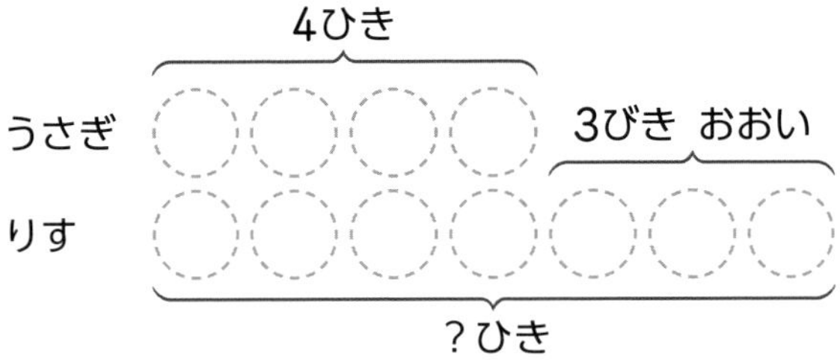

② りすは なんびき いますか。

しき（　　　　　　　　）こたえ（　　　　　）

4 あめが 7こ あります。ガムは あめより 5こ おおいそうです。ガムは なんこ ありますか。ずを かいて，こたえましょう。

1つ10［30てん］

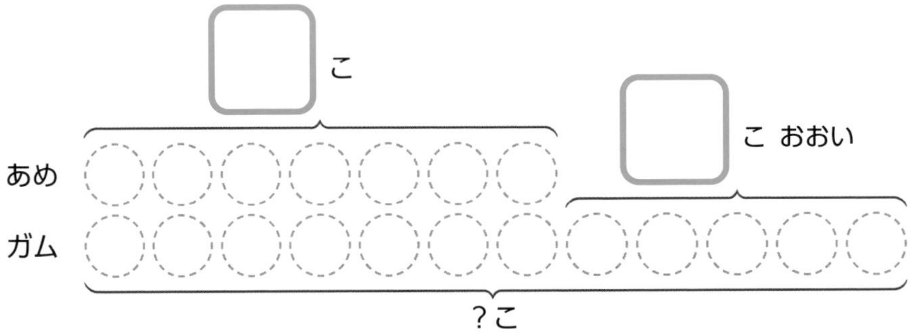

しき（　　　　　　　　）こたえ（　　　　　）

こたえ 75ページ

がつ　　にち　　てん

20 すくない

数の違いから考える問題

なまえ

1 ねこが 5ひき います。いぬは ねこより 2ひき すくないそうです。いぬは なんびき いますか。

1つ8［16てん］

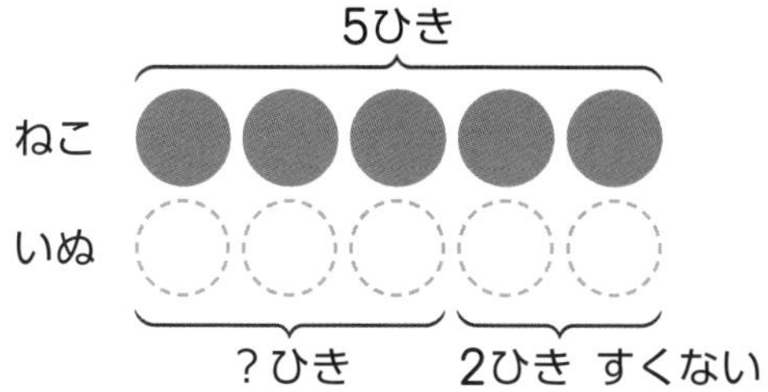
5ひき
ねこ
いぬ
?ひき
2ひき すくない

しき 5 − 2 = □　　こたえ □ びき

2 ポイフルが 12こ あります。バナナチョコは ポイフルより 4こ すくないそうです。バナナチョコは なんこ ありますか。

1つ8［24てん］

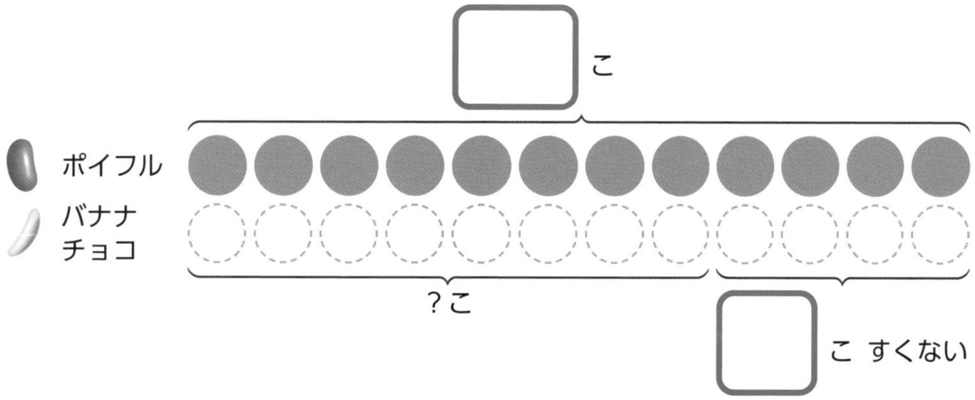
こ
ポイフル
バナナ
チョコ
?こ
こ すくない

しき（　　　　　　　　）　こたえ（　　　　　）

20 すくない

3 みかんを 6こ かいます。りんごは みかんより 3こ すくなく かいます。 1つ10［30てん］

① みかんと りんごを かう かずだけ いろを ぬりましょう。

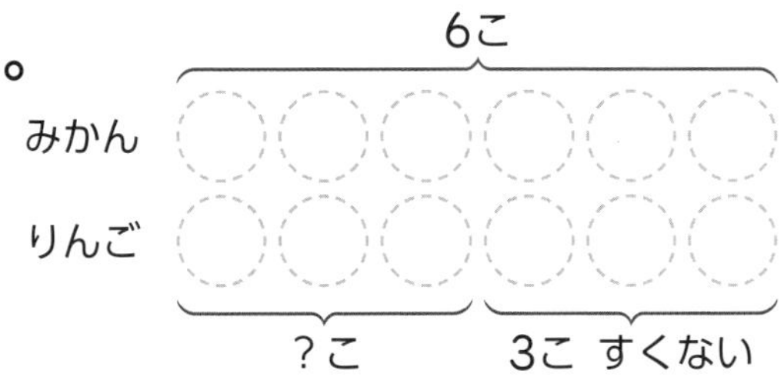

② りんごは なんこ かいますか。

しき（　　　　　　　　）　こたえ（　　　　　）

4 あひるが 11わ います。かもは あひるより 4わ すくないそうです。かもは なんわ いますか。ずを かいて，こたえましょう。 1つ10［30てん］

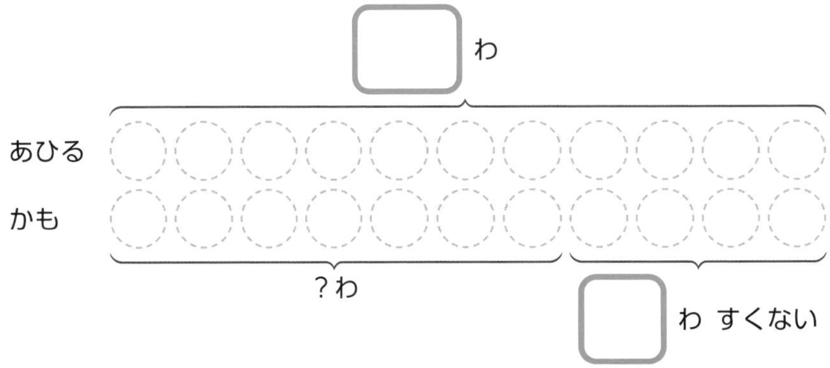

しき（　　　　　　　　）　こたえ（　　　　　）

こたえ 76ページ

がつ　にち　てん

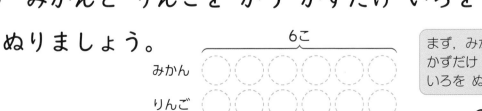

21 いろいろな もんだい

人数と帽子など，異なるものの数の計算

なまえ

1 6にんの こどもに ヤンヤンつけボーを 1ぽんずつ くばると，3ぼん あまりました。ヤンヤンつけボーは なんぼん ありましたか。

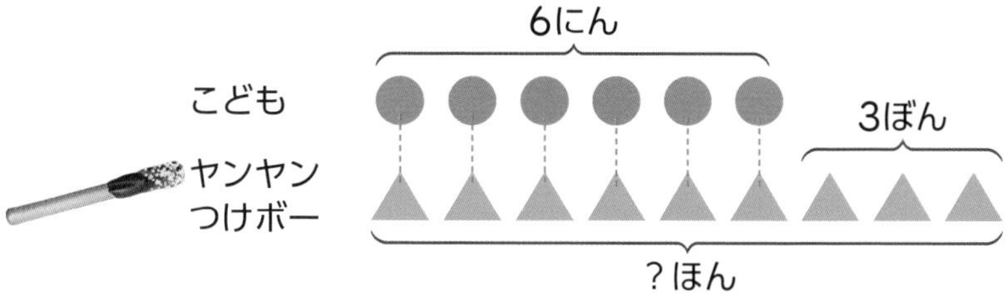

1つ10［20てん］

●と ▲を
せんで むすぼう。

しき　6 ＋ 3 ＝ □　　こたえ □ ほん

2 いすが 5こ あります。いすとりゲームを 8にんで します。いすに すわれない ひとは なんにんですか。

1つ10［20てん］

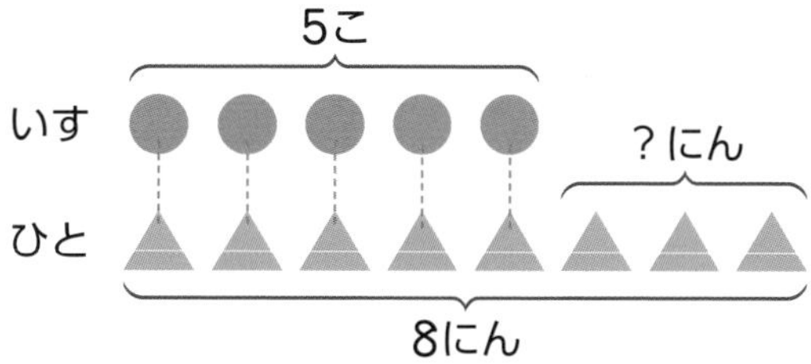

いすに すわれた
ひとは 5にんだね。

しき（　　　　　　　　　　）

こたえ（　　　　　　　　）

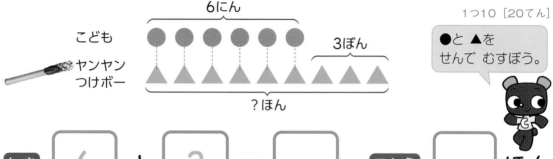

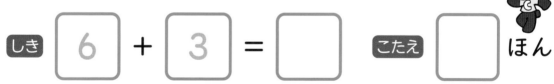

21 いろいろな もんだい

3 7にんが ぼうしを かぶって います。ぼうしは あと 5こ あります。ぼうしは ぜんぶで なんこ ありますか。

1つ10 [30てん]

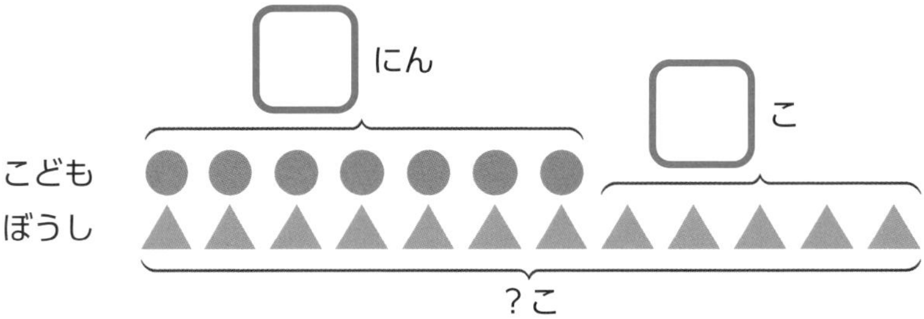

しき (　　　　　　　　　　　　) こたえ (　　　　　　)

4 ポイフルが 10こ あります。8にんに 1こずつ くばると，なんこ のこりますか。ずを かいて，こたえましょう。

1つ10 [30てん]

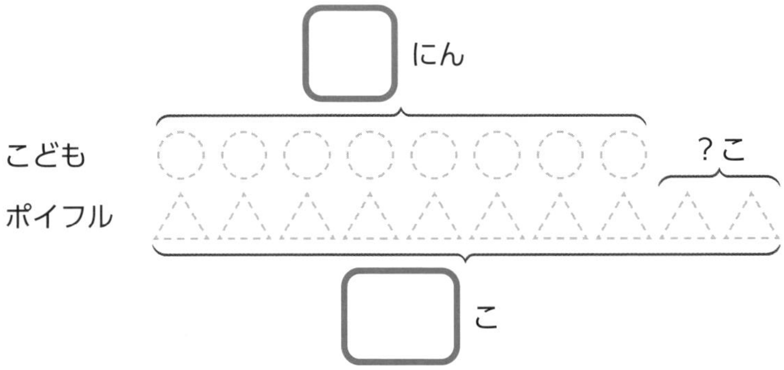

しき (　　　　　　　　　　　　) こたえ (　　　　　　)

こたえ 77ページ

がつ　　　にち　　　てん

22 1ねんせいの まとめ

1年生の文章題のまとめ

なまえ

1 ポイフルが 3こ，ツインクルが 5こ あります。あわせて なんこ ありますか。 1つ5［10てん］

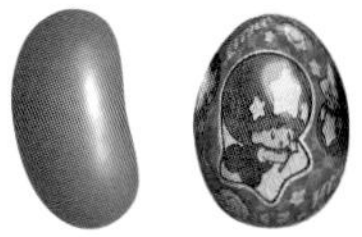

しき（　　　　　　　　　）

こたえ（　　　　　　）

2 おとなの さるが 9ひき，こどもの さるが 3びき います。ちがいは なんびきですか。 1つ5［10てん］

しき（　　　　　　　　　）

こたえ（　　　　　　）

3 アポロが 8こ あります。ゆうさんが 2こ，おとうとが 4こ たべると，なんこ のこりますか。

しき（　　　　　　　　　） 1つ5［10てん］

こたえ（　　　　　　）

4 パイを 8こ かいます。ケーキは パイより 6こ おおく かいます。ケーキは なんこ かいますか。

しき（　　　　　　　　　） 1つ7［14てん］

こたえ（　　　　　　）

22 1ねんせいの まとめ

5 きのこのやまが 40こ，たけのこのさとが 50こ ありますか。あわせて なんこ ありますか。

しき（　　　　　　　　　　）　1つ7［14てん］

こたえ（　　　　　　　）

6 りすが 35ひき います。2ひき きました。ぜんぶで なんびきに なりましたか。　1つ7［14てん］

しき（　　　　　　　　　　）

こたえ（　　　　　　　）

7 プッカが 13こ あります。9にんに 1こずつ あげると，なんこ あまりますか。　1つ7［14てん］

さいごの
ページだよ。
よく
がんばったね！

しき（　　　　　　　）こたえ（　　　　　）

8 りおさんの まえに 5にん，うしろに 4にん ならんで います。みんなで なんにん いますか。

しき（　　　　　　　　　　）　1つ7［14てん］

こたえ（　　　　　　　）

こたえ 78ページ

がつ　　にち　　てん

おかしなドリル

小学1年 文しょうだい

こたえと てびき

こたえあわせを しよう!
まちがえた もんだいは
どうして まちがえたか かんがえて
もういちど といてみよう。

もんだいと おなじように
きりとって つかえるよ。

1 なんばんめ ①

前・後ろから何番目
左・右から何番目

なまえ

1 もんだいを よんで，えを ○で かこみましょう。

1つ10［40てん］

① まえから 3にん

★「●人」と「●人目」の違いに注意しましょう。「目」がつくときは，それより前のものは含めません。

まえ
うしろ

② まえから 3にんめ

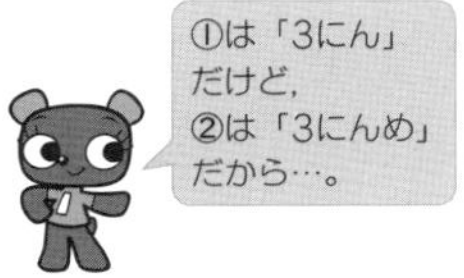
①は「3にん」だけど，②は「3にんめ」だから…。

まえ
うしろ

③ うしろから 2ばんめ

まえ
うしろ

④ みぎから 4こめ

ひだり
みぎ

1 なんばんめ ①

2 もんだいを よんで，えを すきな いろで ぬりましょう。

1つ15［60てん］

① ひだりから 4こ

ひだり
みぎ

② みぎから 5ほんめ

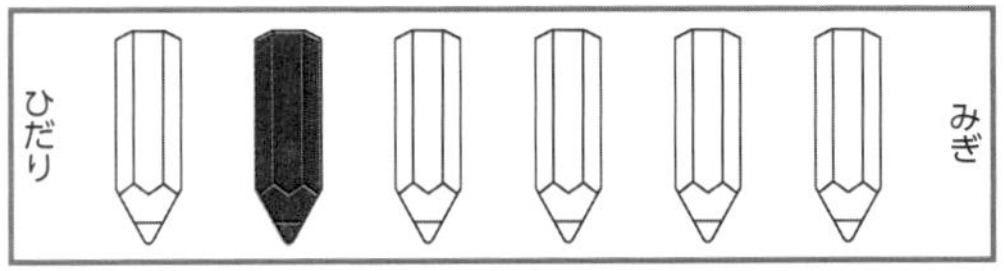
ひだり
みぎ

③ まえから 3ばんめ

まえ
うしろ

④ うしろから 2ばんめ

まえ
うしろ

こたえ 56ページ

がつ にち てん

2 なんばんめ ②

上・下から何番目
前・後ろ・左・右から何番目

なまえ

1 えを ○で かこみましょう。　1つ10［20てん］

① うえから 3ばんめ

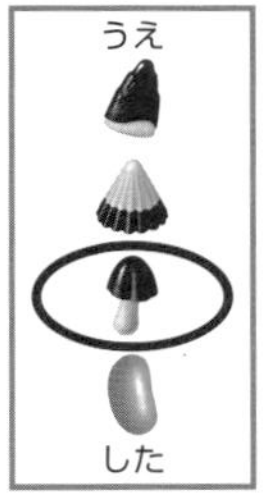

② したから 2ばんめ

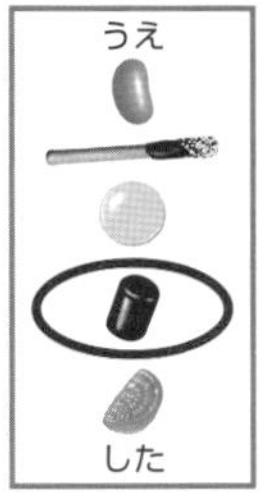

2 えを すきな いろで ぬりましょう。　1つ10［20てん］

① うえから 2ばんめ

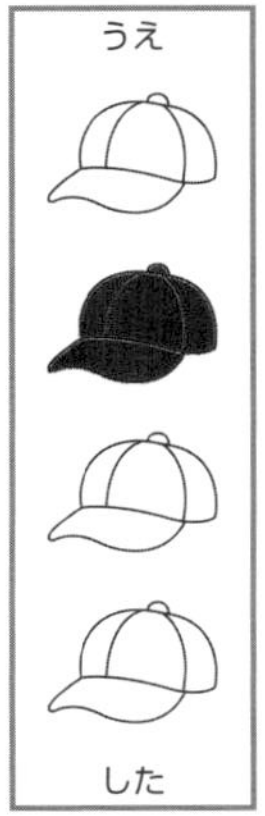

② したから 4ばんめ

2 なんばんめ ②

3 えを みて，ただしい ほうに ○を つけましょう。　1つ20［60てん］

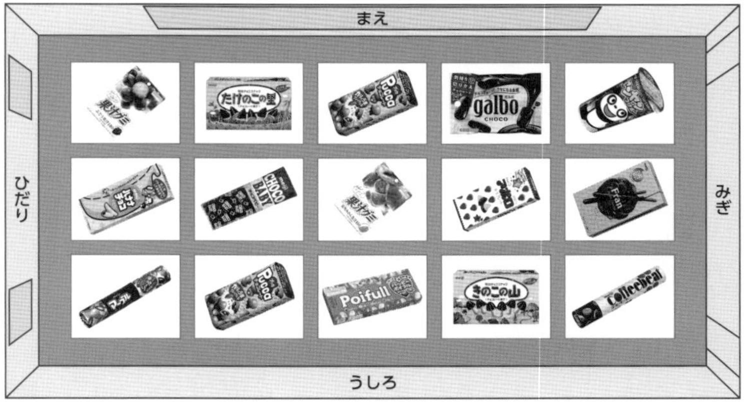

① きのこのやま  は まえから（ 2・③ ）ばんめで，ひだりから（ 2・④ ）ばんめです。

② みぎから 4ばんめで，うしろから 2ばんめに あるのは，（ ちょこべびい ・あぽろ  ）です。

★ものの位置を伝えられるようにしましょう。「ポイフルは右から何番目？」のように，他のお菓子について聞いてもよいですね。

こたえ 57ページ

がつ　にち　てん

3 いくつと いくつ

5は1と4というような，数の分解

なまえ

1 □が 7こ あります。かくして いる □の かずを かきましょう。 1つ10［30てん］

① 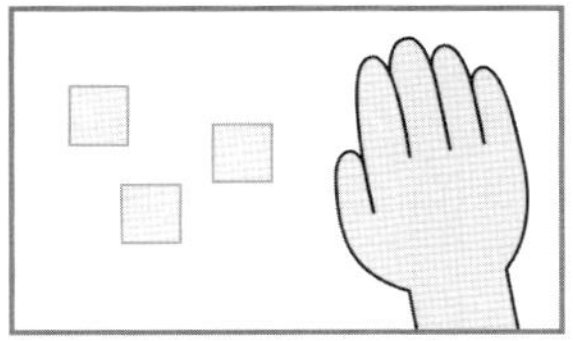

（ 4 ）

② 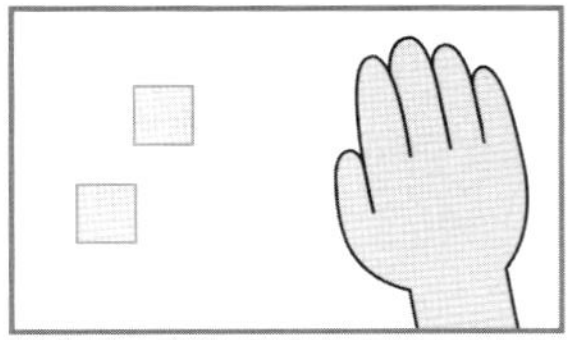

（ 5 ）

③ 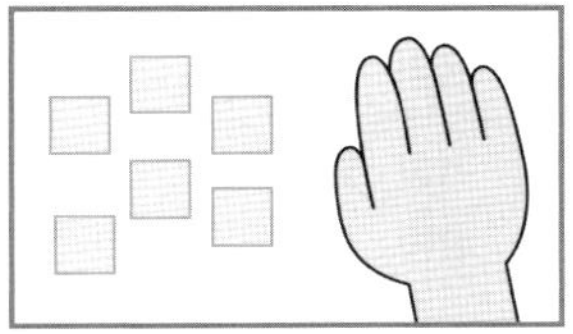

（ 1 ）

みえて いる □は 6こだから…。

★わからないときは，実際にブロックやおはじき，あめなどを隠して，数当てゲームをしてみるとよいでしょう。

2 □に あう かずを かきましょう。 1つ10［20てん］

① 8 → 5 と 3

② 10 → 8 と 2

3 いくつと いくつ

3 □に あう かずを かきましょう。 1つ5［10てん］

① 6 → 2 と 4

② 9 → 1 と 8

4 □に あう かずを かきましょう。 1つ10［40てん］

① 5は 1と 4

② 8は 6と 2

③ 10は 5 と 5

④ 10は 3と 7

①は このように かけるね。
5
1 □

★数の分解は，くり上がりやくり下がりのある計算で使います。身近なものを使って慣れていくとよいですね。くり返し練習しておきましょう。

こたえ 58ページ

がつ　にち　てん

4 あわせて いくつ

合わせた数を求めるたし算

なまえ

1 えを みて，しきに かきましょう。 1つ15［30てん］

①

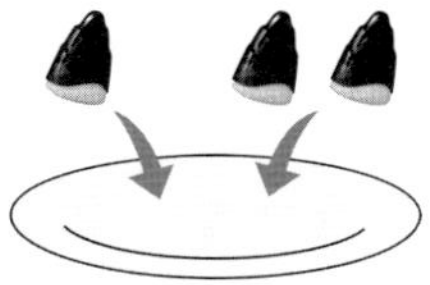

しき（ 1《いち》 +《たす》 2《に》 =《は》 3《さん》 ）

1と 2を あわせると 3に なる ことを，このように かくんだよ。

②

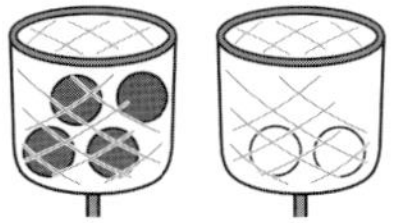

しき 4 + 2 = 6

2 3こと 6こ いれます。
あわせて なんこに なりますか。 1つ10［20てん］

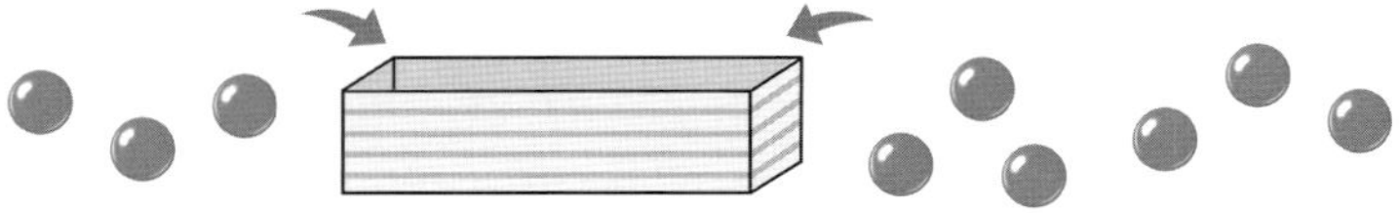

しき（ 3 + 6 = 9 ）

★「なんこ」と聞かれたら「○こ」のように「こ」をつけて答えましょう。

こたえ（ 9 こ ）

4 あわせて いくつ

3 えを みて，しきに かきましょう。 1つ15［30てん］

①

★まずは式の書き方に慣れ，「2たす3は5」と言ってみましょう。

しき（ 2 + 3 = 5 ）

②

しき（ 4 + 1 = 5 ）

たしざんと いう けいさんだよ。

4 3ぼんと 2ほん あります。
ぜんぶで なんぼん ありますか。 1つ10［20てん］

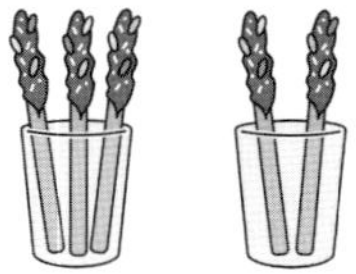

しき（ 3 + 2 = 5 ）

こたえ（ 5ほん ）

こたえ 59ページ

がつ にち てん

5 ふえると いくつ

増えた後の数を求めるたし算

なまえ

1 えを みて，しきに かきましょう。 1つ15［30てん］

①

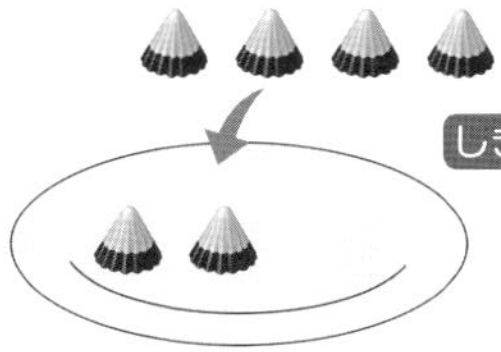

しき（ 2《に》 +《たす》 4《よん》 =《は》 6《ろく》 ）

おさらに 2こ あるね。
4こ ふえると…。

②

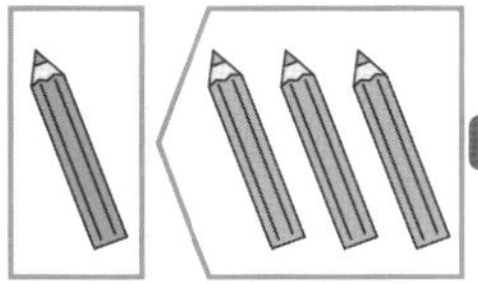

しき 1 + 3 = 4

2 ありが 4ひき います。5ひき きました。
ぜんぶで なんびきに なりましたか。 1つ10［20てん］

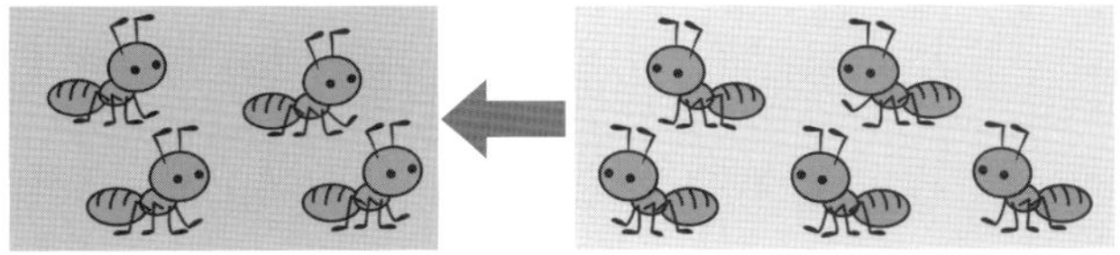

しき（ 4 + 5 = 9 ）

★問題文をよく読む習慣を
つけていきましょう。

こたえ（ 9 ひき ）

5 ふえると いくつ

3 えを みて，しきに かきましょう。 1つ15［30てん］

①

meiji
CHOCO BABY
チョコベビー

ふえる ときも
たしざんだよ。

しき（ 3 + 3 = 6 ）

②

しき（ 6 + 1 = 7 ）

★数が増える場面です。「買うと」や「もらうと」などを
使って，お話をつくってみるとよいですね。

4 ぽいふるが 5こ あります。2こ もらいました。
ぜんぶで なんこに なりましたか。 1つ10［20てん］

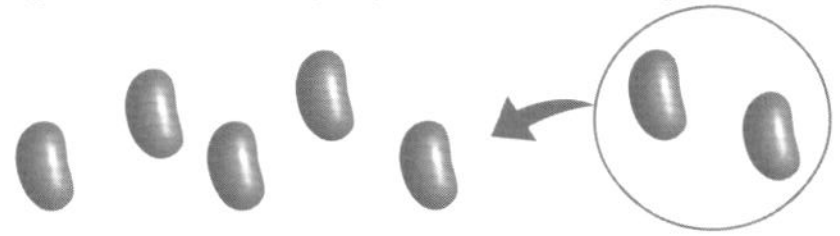

しき（ 5 + 2 = 7 ）

こたえ（ 7こ ）

こたえ 60ページ

がつ にち

てん

6 たしざん まとめ

4と5の復習

なまえ

1 みずいろの まあぶるちょこれえとが 6こと ぴんくいろの まあぶるちょこれえとが 2こ あります。あわせて なんこ ありますか。 1つ8［16てん］

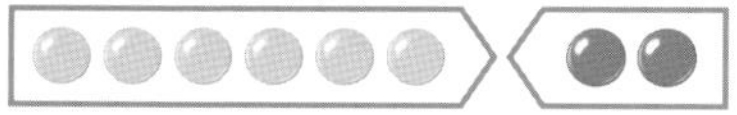

しき（ 6 ＋ 2 ＝ 8 ）

こたえ（ 8こ ）

2 じゅうすが 2ほん，おちゃが 2ほん あります。あわせて なんぼん ありますか。 1つ8［16てん］

しき（ 2 ＋ 2 ＝ 4 ）

こたえ（ 4ほん ）

3 きょうしつに こどもが 7にん います。あとから 3にん きました。ぜんぶで なんにんに なりましたか。 1つ10［20てん］

しき（ 7 ＋ 3 ＝ 10 ）

こたえ（ 10にん ）

★「こ」「ほん」「にん」など，問題に合わせて答えることに注意します。

6 たしざん まとめ

4 のうとが 8さつ あります。1さつ かいました。ぜんぶで なんさつに なりましたか。 1つ8［16てん］

しき（ 8 ＋ 1 ＝ 9 ）

こたえ（ 9さつ ）

5 かめが いしの うえに 3びき，いけの なかに 4ひき います。あわせて なんびき いますか。 1つ8［16てん］

しき（ 3 ＋ 4 ＝ 7 ）

こたえ（ 7ひき ）

★「あわせて」や「ぜんぶで」という言葉にも注目しましょう。

6 あぽろが 5こ あります。4こ もらうと，ぜんぶで なんこに なりますか。 1つ8［16てん］

しき（ 5 ＋ 4 ＝ 9 ）

こたえ（ 9こ ）

こたえ 61ページ

がつ　にち　てん

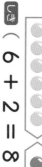

7 のこりは いくつ

減った後の数を求めるひき算

なまえ

1 えを みて，しきに かきましょう。 1つ15［30てん］

①

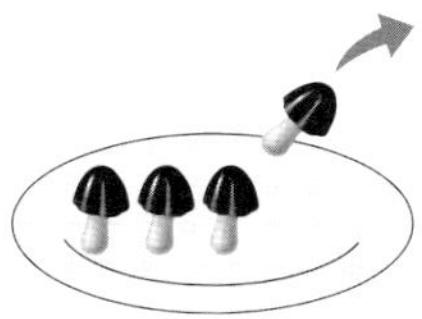

しき（ 4《よん》 − 1《ひく》 1《いち》 ＝ 3 ）

4から 1を とると 3に なる ことを，このように かくんだよ。

②

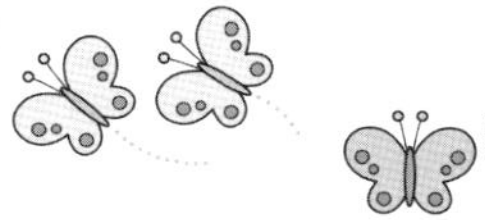

しき 3 − 2 ＝ 1

2 ぽいふるが 8こ あります。4こ あげると，のこりは なんこに なりますか。 1つ10［20てん］

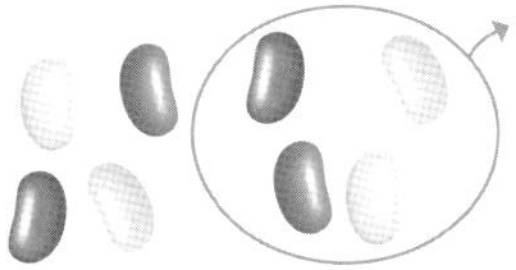

しき（ 8 − 4 ＝ 4 ）

こたえ（ 4こ ）

★「のこりは」と聞かれたら，ひき算になります。

7 のこりは いくつ

3 えを みて，しきに かきましょう。 1つ15［30てん］

①

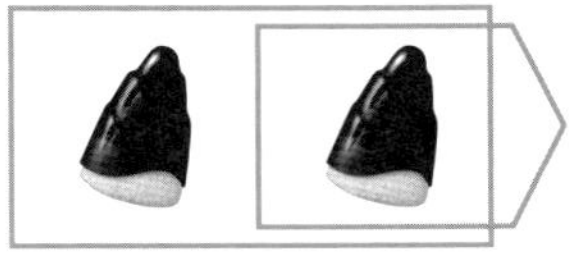

★ひき算の式の書き方を覚え，「2ひく1は1」と言ってみましょう。

しき（ 2 − 1 ＝ 1 ）

②

しき（ 5 − 2 ＝ 3 ）

4 ちょこべびいが 10こ あります。5こ たべました。のこりは なんこですか。 1つ10［20てん］

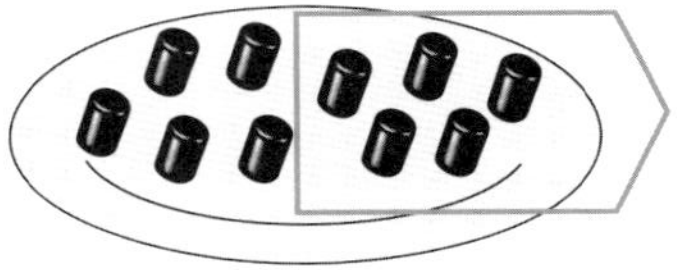

しき（ 10 − 5 ＝ 5 ）

こたえ（ 5こ ）

こたえ 62ページ

がつ にち てん

8 ちがいは いくつ

違いを求めるひき算

なまえ

1 えを みて，ちがいを もとめる しきを かきましょう。　1つ15［30てん］

ちがいは
ひきざんで
もとめるんだね。

①

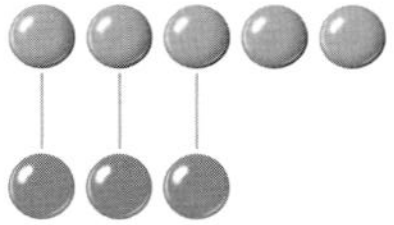

しき（ 5 − 3 = 2 ）

②

しき 3 − 1 = 2

2 たまいれで，あかぐみは 8こ，しろぐみは 7こ はいりました。ちがいは なんこですか。　1つ10［20てん］

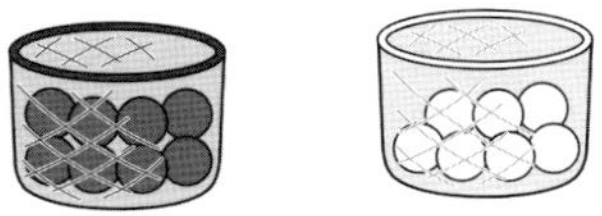

おおきい かずから
ちいさい かずを
ひくよ。

しき（ 8 − 7 = 1 ）

こたえ（ 1こ ）

8 ちがいは いくつ

3 えを みて，ちがいを もとめる しきを かきましょう。　1つ15［30てん］

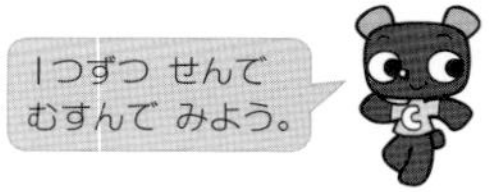
1つずつ せんで
むすんで みよう。

①

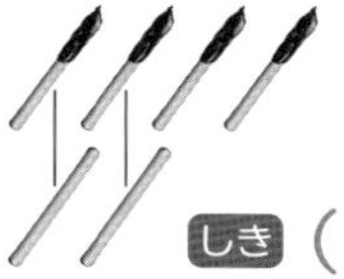

しき（ 4 − 2 = 2 ）

②

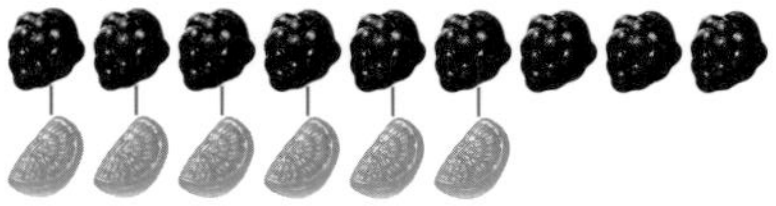

しき（ 9 − 6 = 3 ）

4 にわとりが 2わ，ひよこが 6わ います。どちらが なんわ おおいですか。　1つ10［20てん］

しき（ 6 − 2 = 4 ）

★「どちらが」と聞かれたときの答え方もおさえましょう。

こたえ ひよこ が 4 わ おおい。

こたえ 63ページ

がつ　にち　てん

9 ひきざん まとめ

7と8の復習

なまえ

1 ちゅうしゃじょうに くるまが 5だい とまって います。1だい でて いきました。のこりは なんだいに なりましたか。 1つ8［16てん］

しき（ 5 − 1 = 4 ）

こたえ（ 4だい ）

2 くっきいが 7まい あります。4まい たべると，のこりは なんまいに なりますか。 1つ8［16てん］

しき（ 7 − 4 = 3 ）

こたえ（ 3まい ）

3 ぽいふるが 4こ，あぽろが 3こ あります。ちがいは なんこですか。

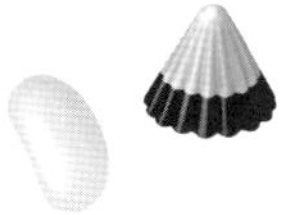

1つ8［16てん］

しき（ 4 − 3 = 1 ）

こたえ（ 1こ ）

9 ひきざん まとめ

4 あかい ちゅうりっぷが 9ほん，きいろい ちゅうりっぷが 5ほん さいて います。あかい ちゅうりっぷは，きいろい ちゅうりっぷより なんぼん おおいですか。 1つ8［16てん］

しき（ 9 − 5 = 4 ）

こたえ（ 4ほん ）

5 かあどを 8まい もって います。2まい あげました。のこりは なんまいですか。 1つ8［16てん］

しき（ 8 − 2 = 6 ）

こたえ（ 6まい ）

6 やぎが 6とう います。おすの やぎは 4とうです。めすの やぎは，なんとう いますか。 1つ10［20てん］

6とうの
うちの
4とうが
おすだから，
のこりは…。

しき（ 6 − 4 = 2 ）

★ひかれる数とひく数が逆にならないように注意しましょう。

こたえ（ 2とう ）

こたえ 64ページ

がつ　にち　てん

チョコっと ひとやすみ

じゃんけんげえむで，あそぼう！

○きまり○

じゃんけんに かったら，もじの かずだけ すすめます。

ぐう

は （ぐ）（み）　1　2

ぱあ

は （ぱ）（ふ）（え）

ちょき

は （ち）（ょ）（こ）（れ）（え）（と）

meiji
milkchocolate

ぐうで かったら 2 こ すすめます。

ぱあで かったら 3 こ すすめます。

ちょきで かったら 6 こ すすめます。

○かんがえてみよう○

まえの ぺえじの きまりを みて かんがえましょう。

① ぐうで かった あと，ちょきで かつと

あわせて 8 こ すすめます。

② ぱあで 2かい かつと

あわせて 6 こ すすめます。

ぐうが ぐみ，
ぱあが ぱふぇ，
ちょきが
ちょこれえとだよ。

○やってみよう○

おうちの ひとや ともだちと
じゃんけんげえむで あそんでみましょう。

けしごむを
こまに しても
いいね。

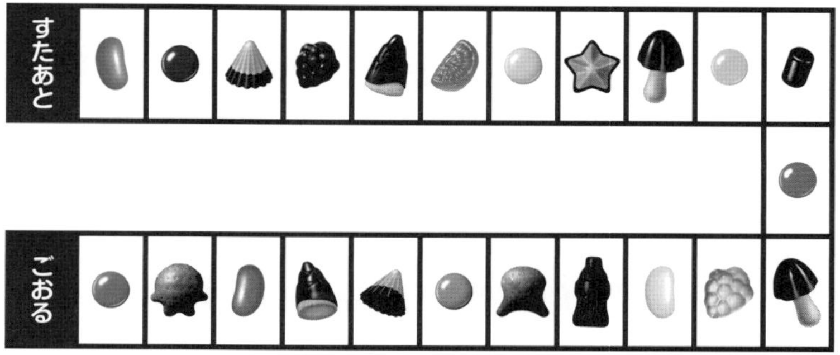
すたあと
ごおる

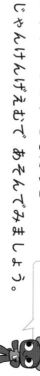

10 20までの かずの たしざん

10+●の計算

なまえ

1 らむねが 10こ あります。5こ かいました。
ぜんぶで なんこに なりましたか。 1つ8［16てん］

10と 5で 15だね。

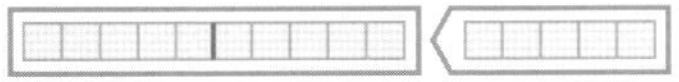

しき 10 + 5 = 15 こたえ 15 こ

2 ほんを きのう 10ぺえじ，きょう 8ぺえじ よみました。あわせて なんぺえじ よみましたか。 1つ8［16てん］

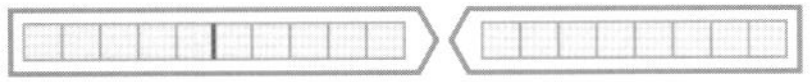

しき（10 + 8 = 18）

こたえ（ 18ぺえじ ）

3 こうえんで こどもが 10にん あそんで います。あとから 3にん きました。ぜんぶで なんにんに なりましたか。 1つ8［16てん］

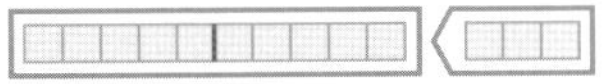

しき（ 10 + 3 = 13 ）

こたえ（ 13にん ）

10 20までの かずの たしざん

4 あぽろが 10こ あります。6こ かいました。
ぜんぶで なんこに なりましたか。 1つ8［16てん］

しき（ 10 + 6 = 16 ） こたえ（ 16こ ）

5 れいさんは どんぐりを 10こ，ゆうさんは 7こ ひろいました。ふたり あわせて なんこですか。 1つ8［16てん］

しき（ 10 + 7 = 17 ） こたえ（ 17こ ）

6 てえぶるの うえに みかんが 10こ，りんごが 4こ あります。あわせて なんこ ありますか。 1つ10［20てん］

しき（ 10 + 4 = 14 ） こたえ（ 14こ ）

こたえ 66ページ

がつ にち てん

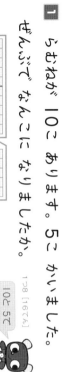

11 20までの かずの ひきざん

1●－●の計算

なまえ

1 きのこのやまが 12こ あります。2こ たべました。のこりは なんこですか。 1つ8［16てん］

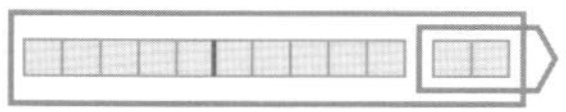

12は 10と 2だから，2を とると…。

しき 12 － 2 ＝ 10 こたえ 10 こ

2 じてんしゃおきばに じてんしゃが 14だい とまって います。4だい でて いくと，のこりは なんだいに なりますか。 1つ8［16てん］

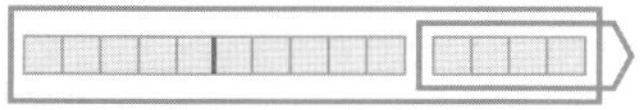

しき（ 14 － 4 ＝ 10 ） こたえ（ 10だい ）

3 ひなたさんは なわとびで 17かい とびました。あおいさんは 7かい とびました。ちがいは なんかいですか。 1つ8［16てん］

ちがいを もとめる ときは ひきざんだよね。

しき（ 17 － 7 ＝ 10 ） こたえ（ 10かい ）

11 20までの かずの ひきざん

4 とまとが 19こ なって います。9こ とりました。のこりは なんこですか。 1つ8［16てん］

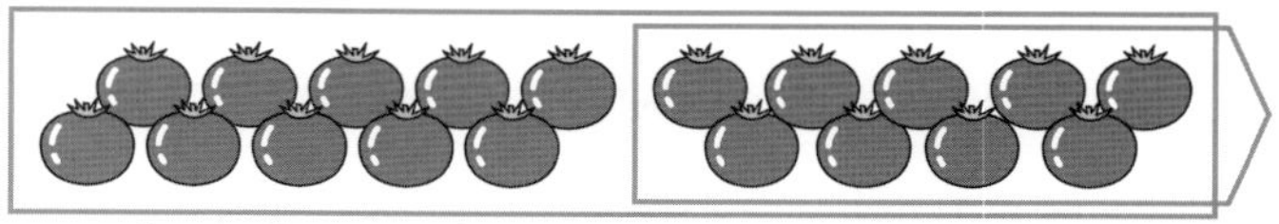

しき（ 19 － 9 ＝ 10 ） こたえ（ 10こ ）

5 みかんの ぐみが 16こ，ぶどうの ぐみが 6こ あります。ちがいは なんこですか。 1つ8［16てん］

しき（ 16 － 6 ＝ 10 ） こたえ（ 10こ ）

6 15にんで ゆうえんちに いきました。おとなは 5にんでした。こどもは なんにんでしたか。 1つ10［20てん］

しき（ 15 － 5 ＝ 10 ） こたえ（ 10にん ）

こたえ 67ページ

がつ にち てん

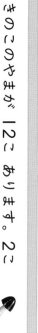

12 3つの かずの たしざんと ひきざん

●+▲+■と●−▲−■

なまえ

1 えを みて，しきに かきましょう。 [10てん]

3びき います。
2ひき きます。
1ぴき きます。

1つの しきに あらわそう。

しき 3 + 2 + 1 = 6

2 ぷっかが 2こ あります。おばさんから 2こ，おじさんから 4こ もらいました。ぜんぶで なんこに なりましたか。 1つ10 [20てん]

しき（ 2 + 2 + 4 = 8 ）

こたえ（ 8こ ）

3 のうとが，つくえの うえに 1さつ，ひきだしの なかに 4さつ，かばんの なかに 2さつ あります。あわせて なんさつ ありますか。 1つ10 [20てん]

しき（ 1 + 4 + 2 = 7 ）

こたえ（ 7さつ ）

★1たす4は5，5たす2は7，と前から順番に計算します。

12 3つの かずの たしざんと ひきざん

4 えを みて，しきに かきましょう。 [10てん]

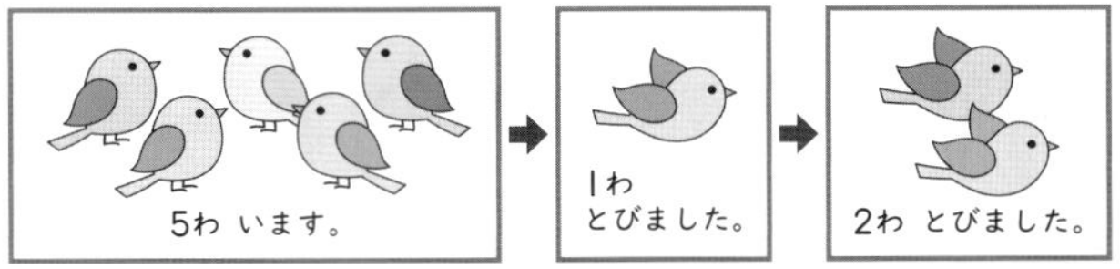

5わ います。
1わ とびました。
2わ とびました。

まえから じゅんに けいさんするよ。

しき 5 − 1 − 2 = 2

5 せんべいが 6まい あります。おとうとが 3まい，いもうとが 2まい たべました。のこりは なんまいですか。 1つ10 [20てん]

しき（ 6 − 3 − 2 = 1 ）

こたえ（ 1まい ）

6 きりん，ぞう，らいおんが ぜんぶで 8とう います。きりんは 4とう，ぞうは 1とう います。らいおんは なんとう いますか。 1つ10 [20てん]

しき（ 8 − 4 − 1 = 3 ）

こたえ（ 3とう ）

こたえ 68ページ

がつ にち てん

13 3つの かずの けいさん

●−▲+■と●+▲−■

なまえ

1 えを みて，しきに かきましょう。 [10てん]

4ひき のって います。
2ひき おりました。
3びき のりました。

しき 4 − 2 + 3 = 5

2 はなが 8ぽん ありました。4ほん あげて，1ぽん もらいました。はなは なんぼんに なりましたか。 1つ10 [20てん]

しき（ 8 − 4 + 1 = 5 ）

こたえ（ 5ほん ）

3 たまごが 5こ ありました。あさ 3こ つかい，ひるに 6こ かって きました。たまごは なんこに なりましたか。 1つ10 [20てん]

しき（ 5 − 3 + 6 = 8 ）

こたえ（ 8こ ）

★たし算とひき算が混じっても，1つの式に表せることを確認します。

13 3つの かずの けいさん

4 えを みて，しきに かきましょう。 [10てん]

4こ あります。
6こ もらいました。
1こ たべました。

なんこに なったか もとめる しきは…。

4 + 6 − 1 = 9

5 としょかんで かりた ほんが 7さつ あります。1さつ かりて 5さつ かえすと，なんさつに なりますか。 1つ10 [20てん]

「かりる」は たしざん，「かえす」は ひきざんだ！

しき（ 7 + 1 − 5 = 3 ）

こたえ（ 3さつ ）

6 ひろばで 6にん あそんで いました。4にん きて，3にん かえりました。ひろばには なんにん いますか。 1つ10 [20てん]

しき（ 6 + 4 − 3 = 7 ）

こたえ（ 7にん ）

★つまずいたら，ブロックなどを動かして考えてみるとよいですね。

こたえ 69ページ

がつ にち てん

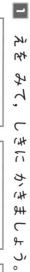

14 たしざん

くり上がりのあるたし算

なまえ

1 きのこのやまが 8こ，たけのこのさとが 4こ ありますか。あわせて なんこですか。 1つ6 [12てん]

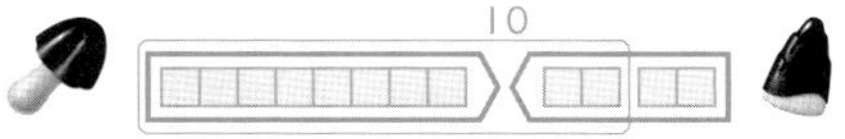

10の まとまりを つくるんだよ。

しき 8 + 4 = 12（8 + 4 の 4 を 2 と 2 に わけ，8 と 2 で 10）

こたえ 12 こ

2 はとが 6わ います。 1つ8 [32てん]

① 5わ くると，なんわに なりますか。

しき 6 + 5 = 11（5 を 4 と 1 に わけ，6 と 4 で 10）

こたえ 11 わ

② 8わ くると，なんわに なりますか。

しき 6 + 8 = 14（8 を 4 と 4 に わけ，6 と 4 で 10）

こたえ 14 わ

14 たしざん

3 ぽいふるが 5こ，ばななちょこが 7こ あります。あわせて なんこ ありますか。 1つ8 [16てん]

しき（ 5 + 7 = 12 ）

こたえ（ 12こ ）

4 ちゅうしゃじょうに くるまが 7だい とまって います。4だい くると，くるまは なんだいに なりますか。 1つ10 [20てん]

しき（ 7 + 4 = 11 ）

こたえ（ 11だい ）

5 あおいろの あさがおが 9こ，むらさきいろの あさがおが 6こ さいて います。あわせて なんこ さいて いますか。 1つ10 [20てん]

しき（ 9 + 6 = 15 ）

こたえ（ 15こ ）

★数を分解して，まず10のまとまりを つくることがポイントです。

こたえ 70ページ

がつ　にち　てん

15 ひきざん

くり下がりのあるひき算

なまえ

1 かじゅうぐみが 12こ あります。9こ たべると，のこりは なんこに なりますか。1つ6［12てん］

しき 12 － 9 ＝ 3　　こたえ 3 こ

10　2
1

「12を 10と 2に わけて，10から 9を ひくと 1。1と 2で 3」と いう ことだよ。

2 もんだいが 15もん あります。1つ8［32てん］

① 6もん とくと，のこりは なんもんですか。

しき 15 － 6 ＝ 9

10　5
4

★まず，15を10と5に分けます。

こたえ 9 もん

② 8もん とくと，のこりは なんもんですか。

しき（ 15 － 8 ＝ 7 ）

10　5
2

こたえ（ 7もん ）

15 ひきざん

3 ふうせんが 17こ あります。9こ われて しまうと，のこりは なんこに なりますか。1つ8［16てん］

しき（ 17 － 9 ＝ 8 ）

こたえ（ 8こ ）

4 はるさんは あぽろを 14こ，みらいさんは あぽろを 8こ たべました。ちがいは なんこですか。1つ10［20てん］

しき（ 14 － 8 ＝ 6 ）

こたえ（ 6こ ）

5 めだかが 11ぴき，きんぎょが 2ひき います。どちらが なんびき おおいですか。1つ10［20てん］

かずが おおいのは どっちかな。

しき（ 11 － 2 ＝ 9 ）

こたえ めだか が 9 ひき おおい。

こたえ 71ページ

がつ　にち　てん

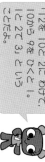

16 おおきい かずの けいさん ①

10+20や80−20のような，
10のまとまりで考える計算

なまえ

1 いろがみは，ぜんぶで なんまい ありますか。 1つ8［16てん］

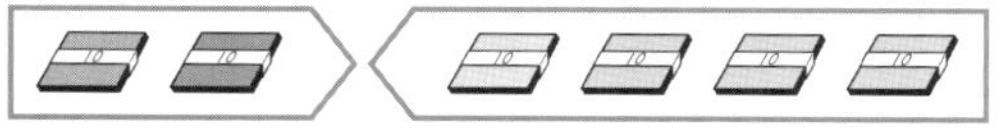

しき（ 20 + 40 = 60 ）

★10枚の束が2つと4つで6つ
だから60枚と考えます。

こたえ（ 60まい ）

2 たまごは ぜんぶで なんこ ありますか。 1つ8［16てん］

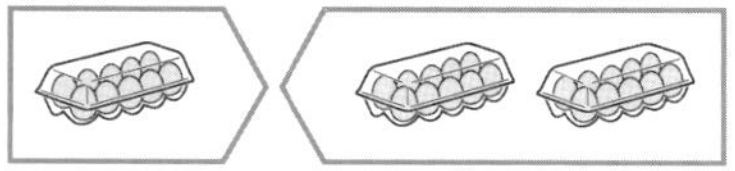

しき（ 10 + 20 = 30 ）

こたえ（ 30こ ）

3 えんぴつが 80ぽん あります。20ぽん
つかうと，のこりは なんぼんですか。 1つ8［16てん］

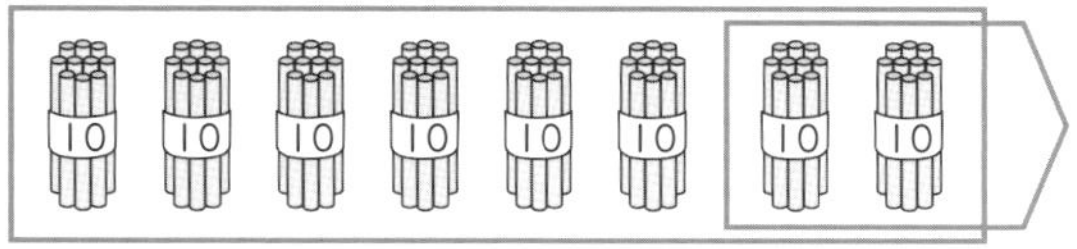

しき（ 80 − 20 = 60 ）

こたえ（ 60ぽん ）

16 おおきい かずの けいさん ①

4 ひかるさんは あさがおの たねを 60こ もって
います。そらさんから 40こ もらいました。
あさがおの たねは，ぜんぶで なんこに
なりましたか。 1つ8［16てん］

しき（ 60 + 40 = 100 ）

★10を1つのまとまりとして
考えましょう。

こたえ（ 100こ ）

5 ツインクルが 30こ あります。ともだちに
10こ あげると，のこりは なんこに なりますか。

1つ8［16てん］

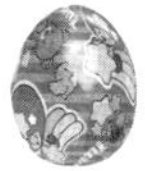

しき（ 30 − 10 = 20 ）

こたえ（ 20こ ）

6 ゲームを して，うみさんは 70てん，
るいさんは 30てんでした。ちがいは
なんてんですか。 1つ10［20てん］

しき（ 70 − 30 = 40 ）

こたえ（ 40てん ）

こたえ 72ページ

がつ にち てん

17 おおきい かずの けいさん ②

45＋3や35－3のような計算

なまえ

1 いろがようしは，ぜんぶで なんまい ありますか。

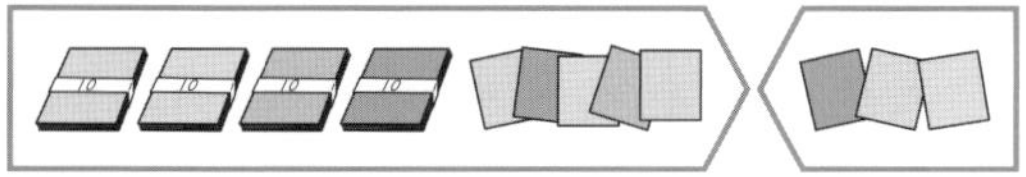

1つ8［16てん］

★ばらの数どうしを計算します。

しき（ 45 ＋ 3 ＝ 48 ）

こたえ（ 48まい ）

2 まんじゅうは ぜんぶで なんこに なりましたか。

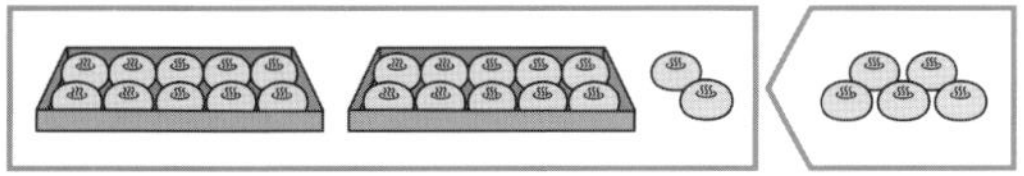

1つ8［16てん］

しき（ 22 ＋ 5 ＝ 27 ）

こたえ（ 27こ ）

3 ガムが 35まい あります。3まい たべました。のこりは なんまいに なりましたか。

1つ8［16てん］

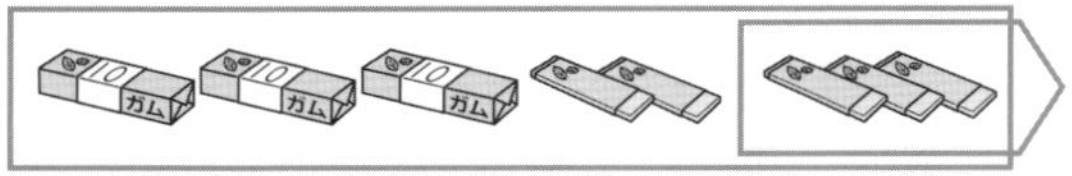

しき（ 35 － 3 ＝ 32 ）

こたえ（ 32まい ）

17 おおきい かずの けいさん ②

4 あかい はっぱが 51まい，きいろい はっぱが 5まい あります。ぜんぶで なんまい ありますか。

しき（ 51 ＋ 5 ＝ 56 ）　1つ8［16てん］

こたえ（ 56まい ）

5 64ページの ノートが あります。3ページ つかいました。のこりは なんページですか。

しき（ 64 － 3 ＝ 61 ）　1つ8［16てん］

こたえ（ 61ページ ）

6 チョコベビーが 28こ，コーヒービートが 6こ あります。ちがいは なんこですか。

1つ10［20てん］

しき（ 28 － 6 ＝ 22 ）

★「まい」「ページ」「こ」のような，答え方にも気をつけましょう。

こたえ（ 22こ ）

こたえ 73ページ

がつ　にち　てん

18 ひとの かずと なんばんめ

何番目と全体の人数を考える問題

なまえ

1 なつきさんは まえから 2ばんめに います。
なつきさんの うしろに 3にん います。みんなで
なんにん いますか。 1つ10［20てん］

ずを かくと わかりやすいよ。

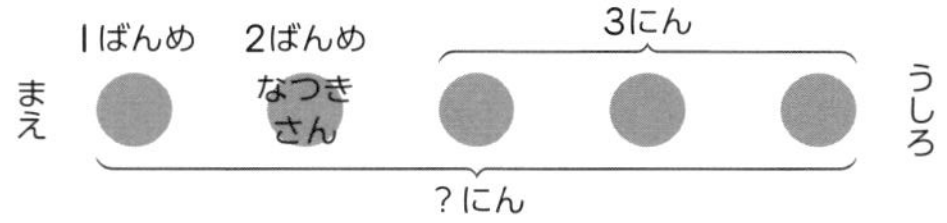

1ばんめ
2ばんめ
3にん
まえ
なつきさん
うしろ
?にん

しき [2] ＋ [3] ＝ [5]　こたえ [5] にん

2 7にん ならんで います。あさひさんは，
まえから 4ばんめに います。あさひさんの
うしろには，なんにん いますか。 1つ10［20てん］

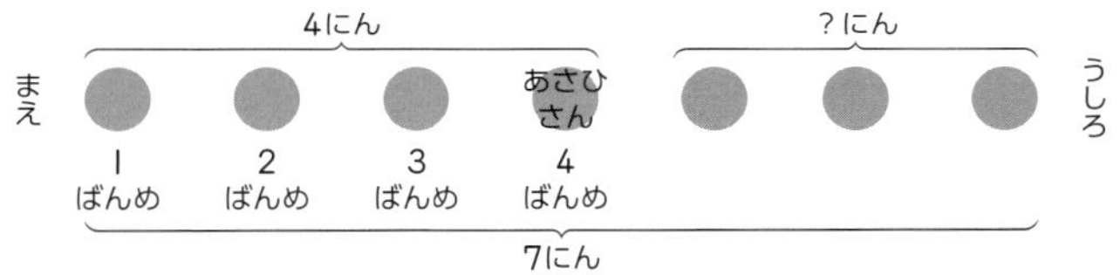

4にん
?にん
まえ
あさひさん
うしろ
1 ばんめ
2 ばんめ
3 ばんめ
4 ばんめ
7にん

しき [7] － [4] ＝ [3]　こたえ [3] にん

18 ひとの かずと なんばんめ

3 10にん ならんで います。ゆずさんは，まえから
6ばんめに います。 1つ10［30てん］

① ならんで いる ひとの かずだけ ○を かき，
ゆずさんの ○には いろを ぬりましょう。

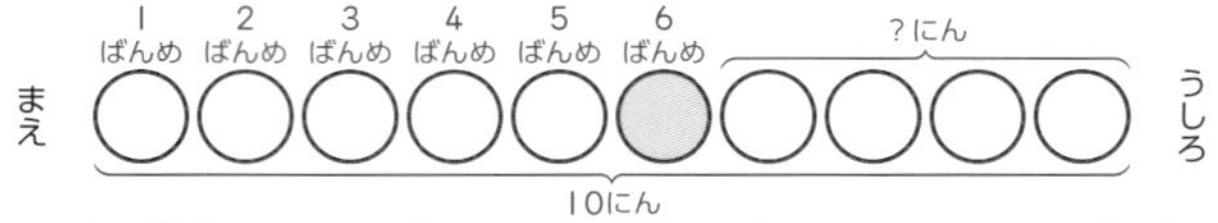

1 ばんめ
2 ばんめ
3 ばんめ
4 ばんめ
5 ばんめ
6 ばんめ
?にん
まえ
うしろ
10にん

② ゆずさんの うしろには なんにん いますか。

しき（ 10 － 6 ＝ 4 ）

★図を正確にかけるように
練習しましょう。

こたえ（ 4にん ）

4 なおさんは みぎから 3ばんめに います。
なおさんの ひだりに 5にん います。みんなで
なんにん いますか。ずを かいて，こたえましょう。 1つ10［30てん］

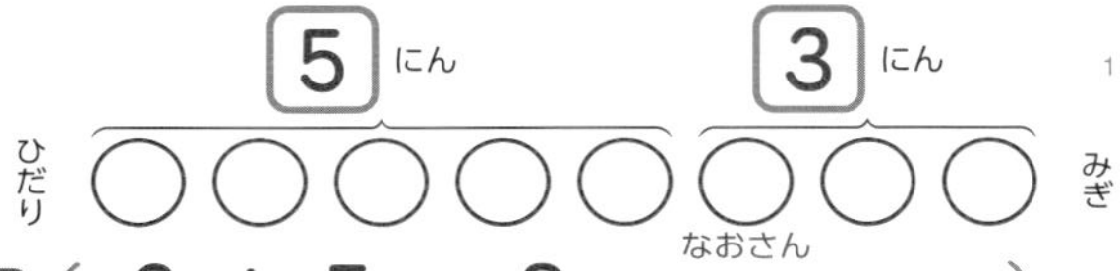

5 にん
3 にん
ひだり
みぎ
なおさん

しき（ 3 ＋ 5 ＝ 8 ）

こたえ（ 8にん ）

こたえ 74ページ

がつ　にち　てん

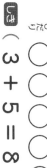

19 おおい

数の違いから考える問題

なまえ

1 ヤンヤンつけボーが 2ほん あります。フランは ヤンヤンつけボーより 4ほん おおいです。フランは なんぼん ありますか。

1つ8［16てん］

ずを みて かんがえよう。

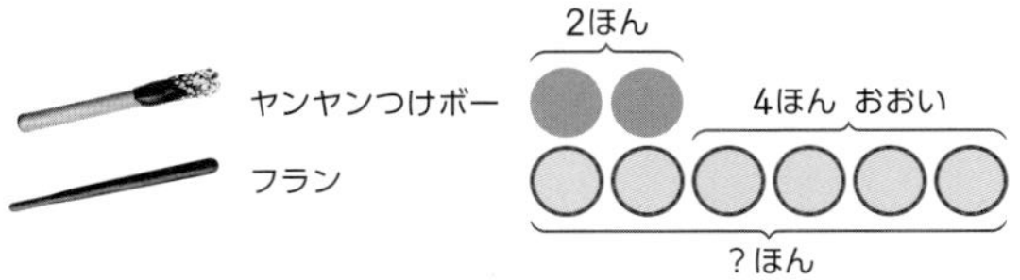

しき 2 ＋ 4 ＝ 6　こたえ 6 ぽん

2 プッカが 5こ あります。アポロは プッカより 6こ おおいです。アポロは なんこ ありますか。

1つ8［24てん］

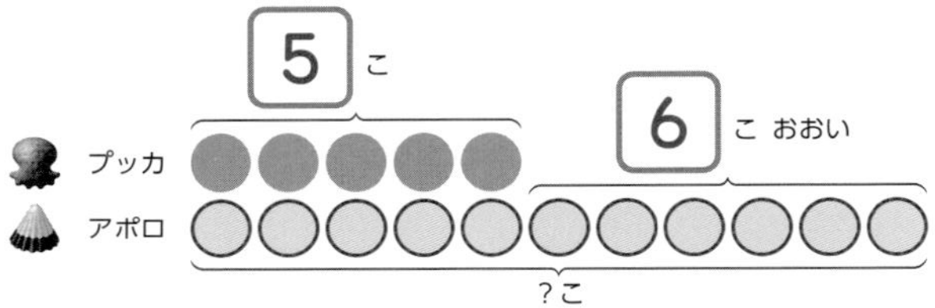

しき（ 5 ＋ 6 ＝ 11 ）

★図をかいて考える習慣をつけましょう。

こたえ（ 11こ ）

19 おおい

3 うさぎが 4ひき います。りすは うさぎより 3びき おおいそうです。

1つ10［30てん］

① うさぎと りすの かずだけ いろを ぬりましょう。

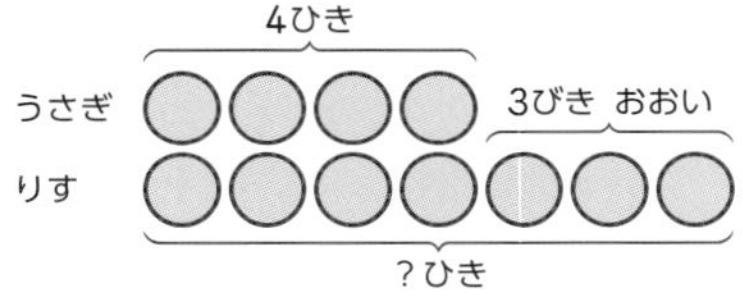

② りすは なんびき いますか。

しき（ 4 ＋ 3 ＝ 7 ）こたえ（ 7ひき ）

4 あめが 7こ あります。ガムは あめより 5こ おおいそうです。ガムは なんこ ありますか。ずを かいて，こたえましょう。

1つ10［30てん］

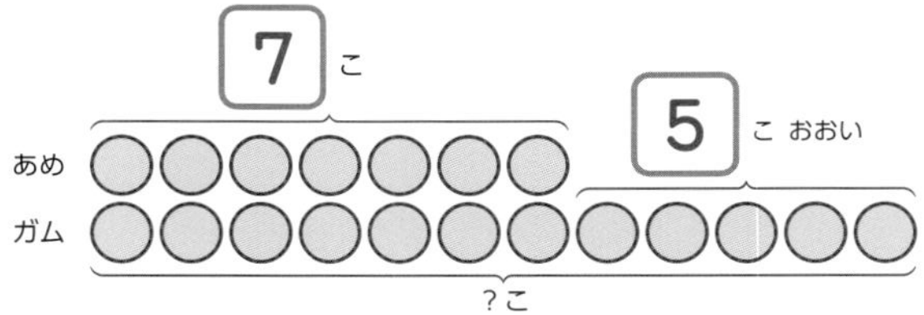

しき（ 7 ＋ 5 ＝ 12 ）こたえ（ 12こ ）

こたえ 75ページ

がつ　にち　てん

20 すくない

数の違いから考える問題

なまえ

1 ねこが 5ひき います。いぬは ねこより 2ひき すくないそうです。いぬは なんびき いますか。

1つ8［16てん］

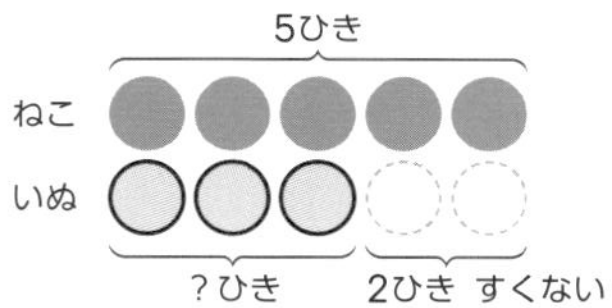

しき 5 − 2 = 3　こたえ 3 びき

2 ポイフルが 12こ あります。バナナチョコは ポイフルより 4こ すくないそうです。バナナチョコは なんこ ありますか。

1つ8［24てん］

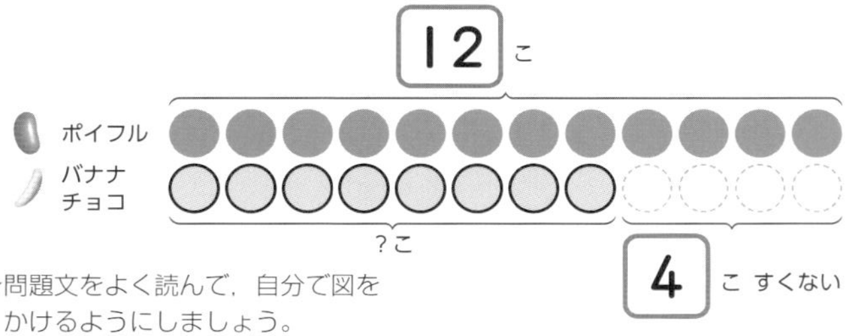

★問題文をよく読んで，自分で図をかけるようにしましょう。

しき（ 12 − 4 = 8 ）こたえ（ 8こ ）

20 すくない

3 みかんを 6こ かいます。りんごは みかんより 3こ すくなく かいます。

1つ10［30てん］

① みかんと りんごを かう かずだけ いろを ぬりましょう。

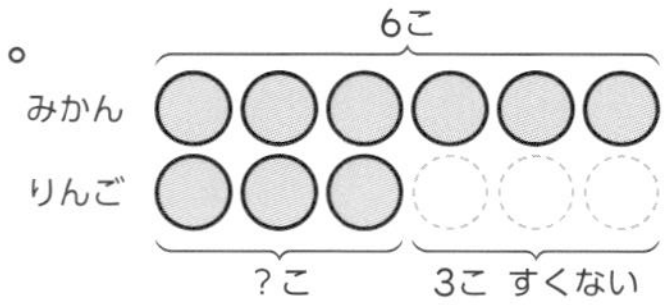

まず，みかんの かずだけ いろを ぬろう。

② りんごは なんこ かいますか。

しき（ 6 − 3 = 3 ）こたえ（ 3こ ）

4 あひるが 11わ います。かもは あひるより 4わ すくないそうです。かもは なんわ いますか。ずを かいて，こたえましょう。

1つ10［30てん］

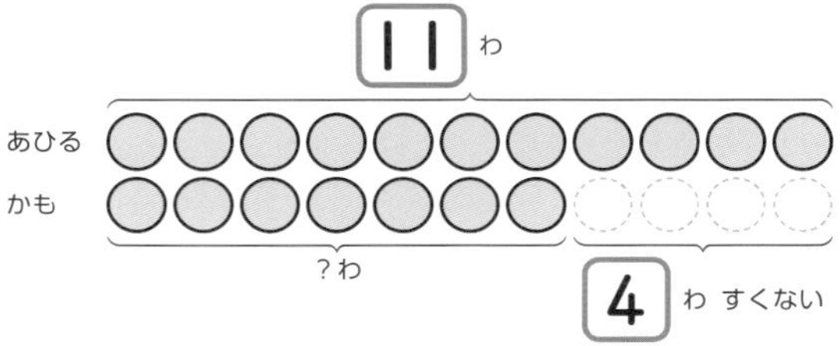

しき（ 11 − 4 = 7 ）こたえ（ 7わ ）

こたえ 76ページ

がつ　にち　てん

21 いろいろな もんだい

人数と帽子など，異なるものの数の計算

なまえ

1 6にんの こどもに ヤンヤンつけボーを 1ぽんずつ くばると，3ぼん あまりました。ヤンヤンつけボーは なんぼん ありましたか。

1つ10［20てん］

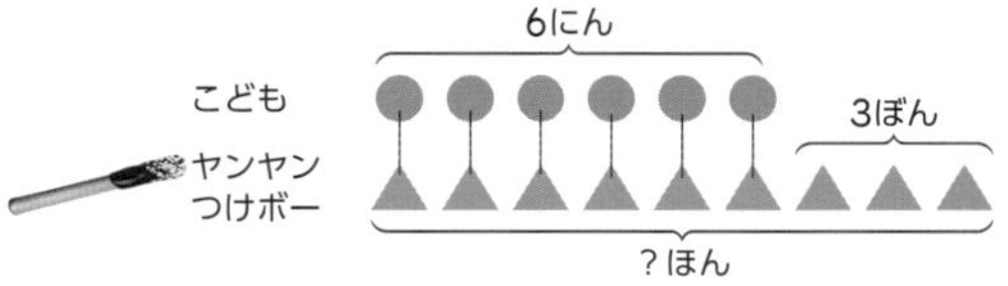

●と ▲を せんで むすぼう。

しき 6 ＋ 3 ＝ 9　こたえ 9 ほん

2 いすが 5こ あります。いすとりゲームを 8にんで します。いすに すわれない ひとは なんにんですか。

1つ10［20てん］

いすに すわれた ひとは 5にんだね。

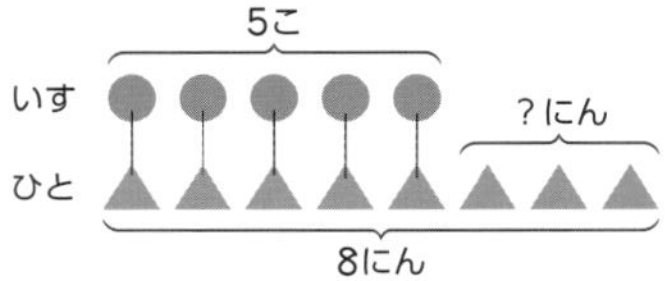

★図にかくことで，たし算かひき算かわかります。
●と▲を線で結んで考えましょう。

しき（ 8 － 5 ＝ 3 ）

こたえ（ 3にん ）

21 いろいろな もんだい

3 7にんが ぼうしを かぶって います。ぼうしは あと 5こ あります。ぼうしは ぜんぶで なんこ ありますか。

1つ10［30てん］

こどもが かぶって いる ぼうしは 7こだね。

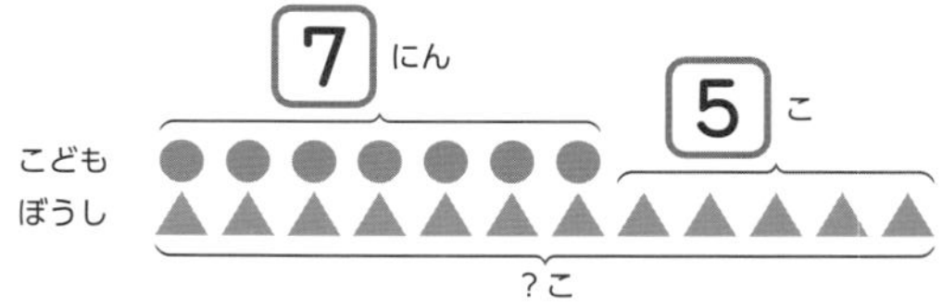

しき（ 7 ＋ 5 ＝ 12 ）こたえ（ 12こ ）

4 ポイフルが 10こ あります。8にんに 1こずつ くばると，なんこ のこりますか。ずを かいて，こたえましょう。

1つ10［30てん］

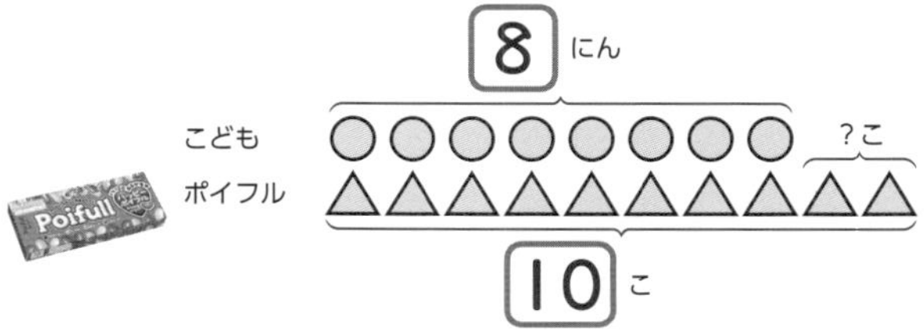

しき（ 10 － 8 ＝ 2 ）こたえ（ 2こ ）

こたえ 77ページ

がつ　にち　てん

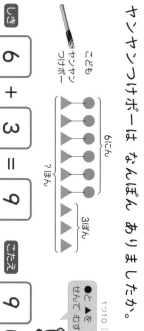

22 1ねんせいの まとめ

1年生の文章題のまとめ

なまえ

1 ポイフルが 3こ，ツインクルが 5こ あります。あわせて なんこ ありますか。 1つ5［10てん］

しき（ 3 + 5 = 8 ）

こたえ（ 8こ ）

2 おとなの さるが 9ひき，こどもの さるが 3びき います。ちがいは なんびきですか。 1つ5［10てん］

しき（ 9 − 3 = 6 ）

こたえ（ 6ぴき ）

3 アポロが 8こ あります。ゆうさんが 2こ，おとうとが 4こ たべると，なんこ のこりますか。 1つ5［10てん］

しき（ 8 − 2 − 4 = 2 ）

こたえ（ 2こ ）

4 パイを 8こ かいます。ケーキは パイより 6こ おおく かいます。ケーキは なんこ かいますか。 1つ7［14てん］

しき（ 8 + 6 = 14 ）

こたえ（ 14こ ）

22 1ねんせいの まとめ

5 きのこのやまが 40こ，たけのこのさとが 50こ あります。あわせて なんこ ありますか。 1つ7［14てん］

しき（ 40 + 50 = 90 ）

こたえ（ 90こ ）

6 りすが 35ひき います。2ひき きました。ぜんぶで なんびきに なりましたか。 1つ7［14てん］

しき（ 35 + 2 = 37 ）

こたえ（ 37ひき ）

7 プッカが 13こ あります。9にんに 1こずつ あげると，なんこ あまりますか。 1つ7［14てん］

しき（ 13 − 9 = 4 ） こたえ（ 4こ ）

8 りおさんの まえに 5にん，うしろに 4にん ならんで います。みんなで なんにん いますか。 1つ7［14てん］

しき（ 5（まえ） + 1（りおさん） + 4（うしろ） = 10 ）

こたえ（ 10にん ）

★わからないときは図をかいてみましょう。

こたえ 78ページ

がつ にち てん

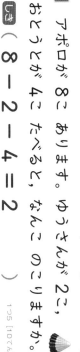

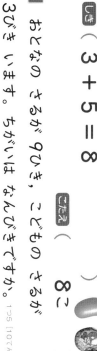

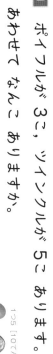

チョコっと ひとやすみ

★こうさく★
のりと はさみで
つくってみよう！

メッセージカード

プレゼントに はったり，
あなを あけて リボンを とおしたり しよう。

ランチフラッグ

したの つくりかたを みながら
つくってみよう。ごはんに たてると かわいいね。

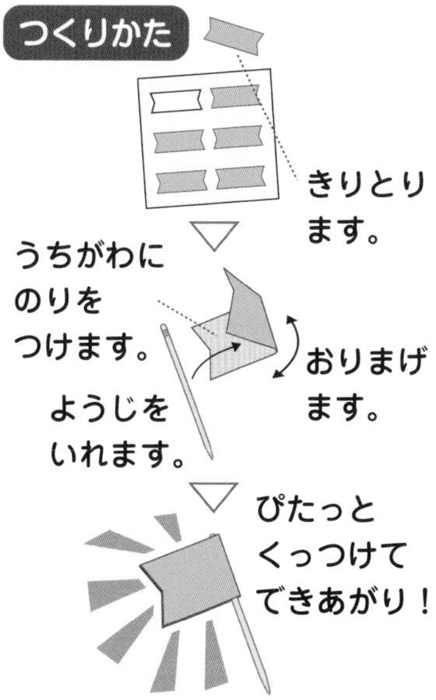

はさみを つかう ときは，けがに きを つけよう！